振动测试理论与实践

陈 忠 编著

科学出版社

北京

内 容 简 介

本书分为基础理论和振动测试方法与应用两个部分。其中,基础理论部分包括:单自由度振动系统和多自由度振动系统的理论建模,振动系统频率响应函数的建模与求解方法,振动系统的模态表达、模态特性及状态空间模态分析,振动信号分析的典型方法。振动测试方法与应用部分包括:振动传感方法、先进振动测量技术、振动测试仪器系统、实验模态分析与工作模态分析,以及振动测试应用案例。

本书适合高等学校机械类专业的研究生、高年级本科生阅读,也可供从事机械设备设计、研发及运维的科技人员使用和参考。

图书在版编目(CIP)数据

振动测试理论与实践/陈忠编著. —北京:科学出版社,2023.5

ISBN 978-7-03-074733-4

Ⅰ. ①振… Ⅱ. ①陈… Ⅲ. ①振动测量 Ⅳ. ①TB936

中国国家版本馆 CIP 数据核字(2023)第 005492 号

责任编辑:郭勇斌 邓新平 常诗尧/责任校对:崔向琳
责任印制:赵 博/封面设计:众轩企划

科学出版社 出版

北京东黄城根北街 16 号
邮政编码:100717
http://www.sciencep.com

北京华宇信诺印刷有限公司印刷
科学出版社发行 各地新华书店经销

*

2023 年 5 月第 一 版 开本:720×1000 1/16
2024 年 1 月第二次印刷 印张:14 插页:1
字数:278 000

定价:79.00 元
(如有印装质量问题,我社负责调换)

前　言

机械设备水平始终是国家科技强盛的重要保障。优异的机械设备动态特性是高端机械设备的重要特征。振动测试技术是一种支撑机械设备动态设计、制造的重要实验技术。因此，振动测试的理论与技术已成为从事高质量机械产品与设备设计、研发与运维的科技人员必不可少的知识与技能。

本书内容是根据作者多年振动测试技术研究生课程教学与工程实践的积累，以及国内外相关文献归纳整理而成。本书包括两个部分：基础理论，以及振动测试方法与应用。基础理论部分着重介绍与振动测试相关的振动理论、频率响应、模态分析与典型振动信号分析方法，为后续的振动测试打下必要的理论基础。振动测试方法与应用部分着重阐述振动传感原理与常用振动传感器技术特点、振动测试仪器系统各部分的组成特点与要求、实验模态分析与工作模态分析、振动测试应用案例。本书的特色在于强调面向振动测试的必要理论与应用知识，特别是完成高质量振动测试的技巧与要点。

限于编者水平，书中难免存在不足之处，敬请读者批评指正。

编　者

2022 年 6 月

目　录

第二部分　振动测试方法与应用

彩图

第一部分 基础理论

第1章 线性离散系统振动理论

机器构件或机械结构在其平衡位置附近的往复运动，称为机械振动。振动问题或现象在工业及日常生活中无时无刻不在，如机械加工过程中刀具的颤振会导致零件加工精度的急剧下降、轴系不对中引起的机器剧烈振动等。通过对机械振动进行建模，进而进行解析与振动测量，才能从本质上理解这些振动现象，实现系统辨识、振动抑制及故障诊断等工作。实际中的振动系统通常需简化为线性离散系统的振动问题。本章阐述线性离散系统的振动理论，这是理解振动测试方法与技术的基础。

1.1 单自由度振动系统振动理论

1.1.1 线性离散系统的力学模型

一个单自由度振动系统由集中质量、线性弹簧与黏性阻尼器构成。图 1.1 是有阻尼单自由度振动系统的力学模型，图中，x 为质量体位移，$\dot{x}$ 为速度，$\ddot{x}$ 为加速度。该单自由度振动系统中，集中质量是一个无弹性、无耗能、质量为 m 的刚体，是存储动能的元件。根据牛顿第二定律，作用在集中质量上的力与加速度之间的关系为

$$F_m = m\ddot{x} \tag{1.1}$$

式中，m 是质量体的质量。对于角振动系统，惯性质量可用转动惯量 J 来描述，相应地作用在惯性元件上的力矩 T_m 与集中力 F_m 对应，角加速度 $\ddot{\theta}$ 与加速度 $\ddot{x}$ 对应。因而，对于角振动系统，式（1.1）等效为

$$T_m = J\ddot{\theta} \tag{1.2}$$

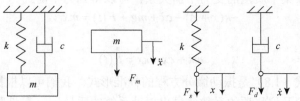

图 1.1　有阻尼单自由度振动系统的力学模型

图 1.1 中的弹性元件抽象为无质量、线性弹性且刚度为 k 的元件，是储存势能的元件。作用在弹性元件一端的作用力为 F_s，其一端弹性元件位移与作用力的关系如下

$$F_s = kx \qquad (1.3)$$

对于角振动系统，弹性元件的刚度对应为扭转刚度 k_t，式（1.3）变为

$$T_s = k_t \theta \qquad (1.4)$$

式中，T_s 为作用在弹性元件上的扭矩，θ 为扭转角。

线性离散系统力学模型中的阻尼抽象为无质量、无弹性、具有线性阻尼系数的元件，是耗能元件，常称为黏性阻尼元件。但实际的阻尼模型不能简单等效为黏性阻尼模型，其有更复杂的本构关系。阻尼的分析与处理是振动分析中的难点之一，1.1.4 节会做进一步的讲述。作用在黏性阻尼元件一端的作用力为 F_d，沿作用力方向的速度为 $\dot{x}$，则该力与速度的关系为

$$F_d = c\dot{x} \qquad (1.5)$$

式中，c 为黏性阻尼系数。

对于角振动系统，作用在黏性阻尼元件上的力矩与角速度之间的关系与式（1.5）类似，即

$$T_d = c_t \dot{\theta} \qquad (1.6)$$

式中，c_t 为扭转黏性阻尼系数，$\dot{\theta}$ 为角速度。

1.1.2　振动微分方程及其响应

线性离散系统的振动微分方程的建立与分析，是进行振动响应解析求解与理解振动问题的基础。振动微分方程的建立有许多方法，主要包括力法（利用牛顿第二定律和质点系动量矩定理）、能量法（利用能量守恒定律）和拉格朗日方法。本节仅介绍利用力法建立的振动微分方程。

图 1.2 是有阻尼受迫振动系统的力学模型及分离体受力分析图。一般情况下，以系统的静平衡位置建立系统广义坐标原点 O，因为这样设置可以简化振动微分方程，振动微分方程中不再出现重力项 mg。图 1.2 中，Δ 为弹簧静变形，l_0 为弹簧初始长度。按集中质量的受力平衡关系，可以得到力平衡式

$$-k(x + \Delta) - c\dot{x} + mg + F(t) = m\ddot{x} \qquad (1.7)$$

整理得

$$m\ddot{x} + c\dot{x} + kx = F(t) \qquad (1.8)$$

实际上，式（1.8）是振动微分方程的标准形式。我们可以根据该标准形式，由加速度、速度及位移项的系数，导出振动系统的质量 m、黏性阻尼系数 c、刚度 k 及作用在集中质量上的外部激励力 $F(t)$。

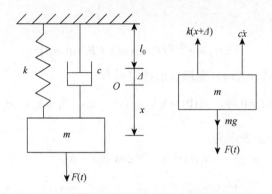

图 1.2　有阻尼受迫振动系统的力学模型及分离体受力分析图

式（1.8）所示的二阶常系数微分方程的解包括两个部分：瞬态响应 $x_1(t)$ 和稳态响应 $x_2(t)$，振动系统的响应 $x(t)=x_1(t)+x_2(t)$。根据相应的微分方程数学理论，瞬态响应可按齐次常系数微分方程的求解方法求得。这里，假定瞬态响应为 $x_1(t)=A\mathrm{e}^{st}$（A 为待定系数），代入式（1.8），得到特征方程，即

$$ms^2 + cs + k = 0 \qquad (1.9)$$

或

$$s^2 + 2\zeta\omega_n s + \omega_n^2 = 0 \qquad (1.10)$$

式中，

$$\zeta = \frac{c}{2\sqrt{mk}}, \qquad \omega_n = \sqrt{\frac{k}{m}}$$

其中，ζ 为系统量纲为 1 的阻尼比或阻尼因子，ω_n 为系统无阻尼固有频率。

式（1.10）的特征值为

$$s_{1,2} = -\zeta\omega_n \pm \omega_n\sqrt{\zeta^2 - 1} \qquad (1.11)$$

当阻尼比 $\zeta > 1$（过阻尼）和 $\zeta = 1$（临界阻尼），瞬态响应可参考文献（赵玫等，2004）。

当阻尼比 $\zeta < 1$（弱阻尼），特征值根式中的值小于零，s_1 和 s_2 是一对共轭复数，即

$$s_{1,2} = -\zeta\omega_n \pm \mathrm{i}\omega_n\sqrt{1 - \zeta^2} \qquad (1.12)$$

记有阻尼固有频率 ω_d 为

$$\omega_d = \omega_n\sqrt{1 - \zeta^2} \qquad (1.13)$$

则系统的瞬态响应为

$$x_1(t) = \mathrm{e}^{-\zeta\omega_n t}\left(A_1\mathrm{e}^{\mathrm{i}\omega_d t} + A_2\mathrm{e}^{-\mathrm{i}\omega_d t}\right) \qquad (1.14)$$

或

$$x_1(t) = e^{-\zeta\omega_n t}(B_1 \cos\omega_d t + B_2 \sin\omega_d t) \tag{1.15}$$

式中，B_1 和 B_2 为式（1.14）变换后的待定系数。

当初始条件为 $t=0$ 时，$x_1(0)=x_0$，$\dot{x}_1(0)=\dot{x}_0$，$B_1=x_0$，$B_2=\dfrac{\dot{x}_0+\zeta\omega_n x_0}{\omega_d}$。系统的瞬态响应进一步表示为

$$x_1(t) = Re^{-\zeta\omega_n t}\cos(\omega_d t - \varphi) \tag{1.16}$$

式中，

$$R = \sqrt{x_0^2 + \left(\frac{\dot{x}_0+\zeta\omega_n x_0}{\omega_d}\right)^2}$$

$$\varphi = \begin{cases} \arctan\left(\dfrac{\dot{x}_0+\zeta\omega_n x_0}{\omega_d x_0}\right), & x_0 \geqslant 0 \\[3mm] \pi + \arctan\left(\dfrac{\dot{x}_0+\zeta\omega_n x_0}{\omega_d x_0}\right), & x_0 < 0 \end{cases}$$

为了分析系统的稳态响应，不失一般性，假定外部激励力为简谐激励，表达为 $F_0 e^{st}$（$s=i\omega$），相应的稳态响应为 $x_2(t)=X_0 e^{st}$（$s=i\omega$）或 $x_2(t)=X_0\sin(\omega t-\phi)$，其中，$X_0$ 为受迫振动的振幅；ω 为激励角频率；ϕ 为稳态响应 $x_2(t)$ 滞后外部激励力 $F(t)$ 的相位。因此，图 1.2 所示的有阻尼受迫振动系统的位移响应为

$$x(t) = Re^{-\zeta\omega_n t}\cos(\omega_d t-\varphi) + X_0\sin(\omega t-\phi) \tag{1.17}$$

为了求解稳态响应的振幅与相位，把用复数表示的位移、速度、加速度及外部激励力代入式（1.8），得

$$-m\omega^2 X_0 e^{i\omega t} + i\omega c X_0 e^{i\omega t} + kX_0 e^{i\omega t} = F_0 e^{i\omega t} \tag{1.18}$$

整理，得

$$(-m\omega^2 + i\omega c + k)X_0 e^{i\omega t} = F_0 e^{i\omega t} \tag{1.19}$$

显然，物理系统频域的频率响应函数（frequency response function，FRF）为

$$G(\omega) = \frac{X_0(\omega)}{F_0(\omega)} = \frac{1}{-m\omega^2 + i\omega c + k} = \frac{1}{m}\left[\frac{1}{(\omega_n^2-\omega^2)+i2\zeta\omega_n\omega}\right] \tag{1.20}$$

进一步，式（1.20）乘以 k/k，整理得

$$G(\omega) = \frac{1}{k}\left(\frac{1}{(1-\lambda^2)+i2\zeta\lambda}\right) \tag{1.21}$$

式中，频率比 $\lambda=\omega/\omega_n$。因而，我们可以得到稳态响应为

$$x_2(t) = \left(\frac{1}{(1 - \lambda^2) + \mathrm{i}2\zeta\lambda} \right) \frac{F_0}{k} \mathrm{e}^{\mathrm{i}\omega t} \tag{1.22}$$

或

$$x_2(t) = \kappa \frac{F_0}{k} \mathrm{e}^{\mathrm{i}(\omega t - \phi)} \tag{1.23}$$

式中，放大因子

$$\kappa = \frac{1}{\sqrt{(1 - \lambda^2)^2 + (2\zeta\lambda)^2}} \tag{1.24}$$

根据式（1.22），可得稳态响应的振幅与相位

$$X_0 = \frac{F_0}{k\sqrt{(1 - \lambda^2)^2 + (2\zeta\lambda)^2}} \tag{1.25}$$

$$\phi = \arctan \frac{2\zeta\lambda}{1 - \lambda^2} \text{ 或 } \phi = \arctan \frac{2\zeta\lambda}{1 - \lambda^2} + \pi \tag{1.26}$$

当阻尼比 $\zeta = 0$ 时，系统变为无阻尼系统，其响应为

$$x(t) = R\cos(\omega_n t - \varphi) + X_0 \sin \omega t \tag{1.27}$$

式中，

$$R = \sqrt{x_0^2 + \left(\frac{\dot{x}_0}{\omega_n} \right)^2}$$

$$\varphi = \begin{cases} \arctan\left(\dfrac{\dot{x}_0}{\omega_n x_0} \right), & x_0 \geqslant 0 \\ \pi + \arctan\left(\dfrac{\dot{x}_0}{\omega_n x_0} \right), & x_0 < 0 \end{cases}$$

$$X_0 = \frac{F_0}{k\left| 1 - \lambda^2 \right|}$$

1.1.3　振动特性

从具有黏性阻尼系统的振动解，我们可以列出以下振动特性。

（1）当阻尼比 $\zeta > 1$ 时，系统自由振动响应或瞬态响应将逐渐衰减，而不产生振动；当阻尼比 $\zeta = 1$ 时，系统自由振动响应或瞬态响应将以最快速度衰减；当阻尼比 $\zeta < 1$ 时，系统自由振动响应或瞬态响应将按指数衰减的准周期振动。其自由振动响应与阻尼比的关系如图 1.3 所示。

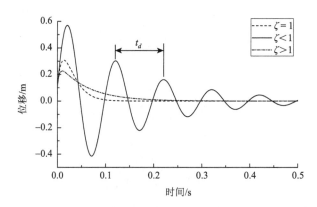

图 1.3　不同阻尼比的自由振动响应

（2）由式（1.13）可知有阻尼固有频率 ω_d 略小于无阻尼固有频率 ω_n，对应的是准周期（$t_d = 2\pi/\omega_d$）衰减振动。

（3）常力不影响系统的固有频率。由于在平衡态下常力（如重力）将被平衡，系统动力学方程（以平衡位置建立广义坐标）将不会出现常力项，因而，系统固有频率与常力项无关。

（4）受迫振动振幅与阻尼比、激励频率的关系。图 1.4（a）、（c）和（d）分别是位移幅频响应、速度幅频响应和加速度幅频响应。显然，增加阻尼比可以显著抑制共振区（频率比 $\lambda = 1$ 邻域）的振动（位移、速度和加速度）。当频率比 $\lambda > 1$ 时，惯性或质量对位移幅频响应有趋向 40 dB/十倍频程渐近线和对速度幅频响应有趋向 20 dB/十倍频程渐近线的振动抑制。当频率比 $\lambda < 1$ 时，弹性或刚度对速度幅频响应有趋向 20 dB/十倍频程渐近线和对加速度幅频响应有趋向 40 dB/十倍频程渐近线的振动增强。

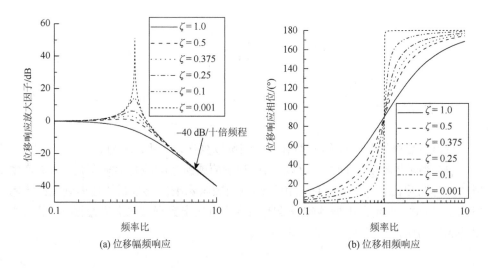

(a) 位移幅频响应　　　　　　　　　　　　　(b) 位移相频响应

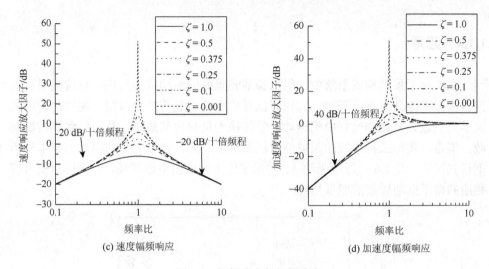

图 1.4　幅频响应与相频响应

（5）受迫振动相位与阻尼比、激励频率的关系。图 1.4（b）为位移相频响应。速度相频响应、加速度相频响应与位移相频响应的区别仅仅在于前二者的相位整体比后者分别超前 90°和 180°。显然，当频率比 $\lambda=1$ 时，位移、速度、加速度相频响应相位均突变 90°，这是判断系统共振或确定无阻尼固有频率的准则之一。同时，响应相位是阻尼比 ζ 和频率比 λ 的函数。

（6）拍振。当阻尼比很小或无阻尼受迫振动，且频率比接近等于 1 时，将产生如图 1.5 所示的拍振现象。由于激励频率与固有频率的频率差极小（远小于固有频率），振动响应会变成以差频为节拍频率的节拍振动，这种振动是由较低频率的差频振动对固有频率简谐振动响应的幅值调制引起的。如果观察到这种拍振现象，就可判断系统即将进入系统共振。

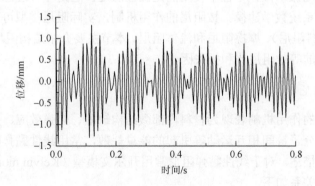

图 1.5　弱阻尼下的拍振

1.1.4　阻尼

在实际工程结构或系统中，阻尼扮演着重要的振动抑制角色。系统阻尼可以使自由振动逐渐衰减，同时，大幅降低受迫振动引起的共振振幅。阻尼的作用机理本质上是往复振动过程中把运动能量转换为材料内部热能，从而达到机械能耗散。但是，实际工程系统的阻尼能量耗散机理不同，建立完善的阻尼力学本构模型极其困难。图 1.6 是压电驱动 XY 纳米定位平台的压电迟滞环，迟滞环面积对应相应的每个振动周期的能量损耗。

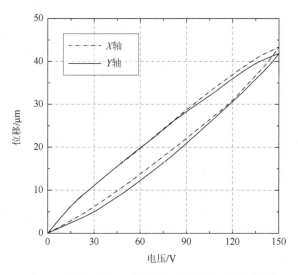

图 1.6　压电驱动 XY 纳米定位平台的压电迟滞环

前述有阻尼振动微分方程中使用的是黏性阻尼，这是一种理想的阻尼类型，便于进行振动系统数学建模。按阻尼的作用机制，实际阻尼类型可分为三种：结构阻尼（或材料阻尼）、摩擦阻尼和流体阻尼。本节主要介绍结构阻尼、摩擦阻尼、基于耗能平衡的等效阻尼比和损失因子。

1. 结构阻尼

结构阻尼的作用机制表现为材料内部微结构缺陷、热弹效应、电涡流效应、金相位错及高分子链间相互运动等引起的能量耗散，常用线性黏弹阻尼模型和迟滞阻尼模型来描述。对于线性黏弹阻尼常用开尔文模型（Kelvin model）描述，其应力应变本构关系如下

$$\sigma = E\varepsilon + E^* \frac{d\varepsilon}{dt} \qquad (1.28)$$

式中，σ 为应力，E 为材料弹性模量，ε 为应变，E^* 为时不变黏弹系数。实际上，仅等式右侧第二项产生阻尼效应，对该项进行封闭积分，得到材料单位体积的能量损耗为

$$D_v = E^* \oint \frac{\mathrm{d}\sigma}{\mathrm{d}t}\mathrm{d}\varepsilon = \pi\omega E^* \varepsilon_{\max}^2, \quad \text{当} \varepsilon = \varepsilon_{\max}\cos\omega t \tag{1.29}$$

显然，线性黏弹阻尼能量损耗与振动频率有关。若材料阻尼机制表现为与振动频率不相关或关联不密切，这类阻尼称为迟滞阻尼。其单位体积的能量损耗常与最大应变的二次方成正比

$$D_v = \alpha\varepsilon_{\max}^2 \tag{1.30}$$

式中，α 为比例常数。该迟滞阻尼的应力应变本构关系为

$$\sigma = E\varepsilon + \frac{\tilde{E}}{\omega}\frac{\mathrm{d}\varepsilon}{\mathrm{d}t} \tag{1.31}$$

式中，$\tilde{E}$ 为时不变迟滞阻尼系数。假定结构受简谐激励而产生简谐应变，可用复数表达

$$\varepsilon = \varepsilon_0 \mathrm{e}^{\mathrm{i}\omega t} \tag{1.32}$$

式（1.31）可整理为

$$\sigma = (E + \mathrm{i}\tilde{E})\varepsilon \tag{1.33}$$

式（1.33）表明迟滞阻尼应力应变本构关系可用复弹性模量 $(E+\mathrm{i}\tilde{E})$ 构建。把线性黏弹阻尼模型与迟滞阻尼模型组合起来，可得到结构阻尼的本构模型

$$\sigma = E\varepsilon + \left(E^* + \frac{\tilde{E}}{\omega}\right)\frac{\mathrm{d}\varepsilon}{\mathrm{d}t} \tag{1.34}$$

2. 摩擦阻尼

图 1.7 是理想摩擦阻尼的迟滞环，其对应的物体界面之间理想摩擦阻尼力本构关系为

$$f = \beta\,\mathrm{sgn}(\dot{q}) \tag{1.35}$$

式中，f 为摩擦阻尼力；β 为摩擦参数，与正压力和滑动摩擦系数有关；$\dot{q}$ 为物体滑动速度。

3. 基于耗能平衡的等效阻尼比

为了在动力学常系数微分方程中引入各类阻尼，必须从整周期内振动能量耗散等效的原理，推导相应的等效阻尼比。为此，须建立黏性阻尼周期

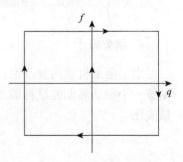

图 1.7 　理想摩擦阻尼迟滞环

振动质量归一化的耗能表达式。把式（1.8）振动微分方程（简谐激励）整理为

$$\ddot{x} + 2\zeta\omega_n\dot{x} + \omega_n^2 x = f_m(t) \tag{1.36}$$

式中，$f_m(t) = F(t)/m = ku(t)/m = \omega_n^2 u_0 \cos\omega t$，$u_0$ 为简谐激励力的力幅。质量归一化的阻尼力为

$$f_d = 2\zeta\omega_n\dot{x} \tag{1.37}$$

因此，单位质量下的黏性阻尼能量耗散为

$$E_v = \oint f_d \mathrm{d}x = \int_{\phi/\omega}^{(2\pi+\phi)/\omega} f_d\dot{x}\mathrm{d}t = 2\zeta\omega_n\int_0^{2\pi/\omega}\dot{x}^2\mathrm{d}t \tag{1.38}$$

据式（1.36）的稳态响应 $x = X_0\cos(\omega t - \phi)$，黏性阻尼能量耗散进一步整理为

$$E_v = 2\pi X_0^2\omega_n^2\lambda\zeta \tag{1.39}$$

把各类阻尼力 $d(x,\dot{x})$ 引入单自由度受迫振动微分方程［式（1.36）］，得

$$\ddot{x} + d(x,\dot{x}) + \omega_n^2 x = \omega_n^2 u(t) \tag{1.40}$$

相应的单位质量的能量耗散为

$$E_d = \int_{\phi/\omega}^{(2\pi+\phi)/\omega} d(x,\dot{x})\dot{x}\mathrm{d}t \tag{1.41}$$

根据周期振动能量耗散等效，即 $E_d = E_v$，可推导不同阻尼类型的等效阻尼比，结果见表 1.1。

表 1.1　不同阻尼类型的阻尼力和等效阻尼比

阻尼类型	质量归一化阻尼力 $d(x,\dot{x})$	等效阻尼比 ζ_{eq}
黏性阻尼	$2\zeta\omega_n\dot{x}$	ζ
迟滞阻尼	$\dfrac{h}{\omega}\dot{x}$	$\dfrac{h}{2\omega_n^2\lambda}$
摩擦阻尼	$\beta\,\mathrm{sgn}(\dot{x})$	$\dfrac{2\beta}{\pi X_0\omega_n^2\lambda}$

注：表中 h 为比例常数，β 为摩擦参数。

4. 损失因子

由于阻尼机制的复杂性，常采用损失因子来定量描述阻尼的大小。损失因子是按一个振动周期能量耗散与系统的初始能量的比值关系确定的。首先定义能量损失比

$$D_p = \frac{E_d}{E_{max}} \tag{1.42}$$

式中，E_d 为一个振动周期的能量耗散（或力-位移迟滞环面积）；E_{max} 为系统一个振动周期的初始输入能量，其近似等于系统最大动能或最大势能（当阻尼较小时）。这时，损失因子定义为一个振动周期的单位弧度能量损失比

$$\eta = \frac{E_d}{2\pi E_{\max}} \qquad (1.43)$$

式中，系统单位质量的最大势能为

$$E_{\max} = \frac{1}{2}\frac{k}{m}X_0^2 = \frac{1}{2}\omega_n^2 X_0^2 \qquad (1.44)$$

根据 $E_d = E_v$，把式（1.39）和式（1.44）代入式（1.43），损失因子整理为

$$\eta = \frac{2\pi X_0^2 \omega_n^2 \lambda \zeta}{2\pi \times \frac{1}{2}\omega_n^2 X_0^2} = 2\lambda \zeta \qquad (1.45)$$

对于自由振动，其振动频率（有阻尼固有频率）与无阻尼固有频率近似相等，即 $\omega = \omega_d \approx \omega_n$。对于受迫振动，当激励频率等于有阻尼固有频率或无阻尼固有频率的共振情况时，才考虑能量耗散。在这两种情况下，损失因子近似为

$$\eta = 2\zeta \qquad (1.46)$$

常用材料的损失因子见表 1.2。

表 1.2　常用材料的损失因子

材料	损失因子 $\eta = 2\zeta$
铝合金	$2\times10^{-5} \sim 2\times10^{-3}$
混凝土	$0.02 \sim 0.06$
玻璃	$0.001 \sim 0.002$
橡胶	$0.1 \sim 1.0$
钢	$0.002 \sim 0.01$
木材	$0.005 \sim 0.01$

1.2　多自由度振动系统振动理论

1.2.1　振动微分方程及其响应

多自由度振动系统振动微分方程的一般形式为

$$M\ddot{x} + C\dot{x} + Kx = F(t) \qquad (1.47)$$

式中，M、C 和 K 分别为多自由度振动系统的质量矩阵、阻尼矩阵和刚度矩阵，其中质量矩阵是正定的，刚度矩阵是半正定的。对于线性保守阻尼，其阻尼矩阵是对称且非负的。x 为振动系统主坐标位移列阵，$F(t)$ 为对应系统坐标下的激励力列阵。

为了建立多自由度振动系统振动微分方程，首先要以系统静平衡位置建立系统坐标系。然后，可采用力法、能量法或拉格朗日方法创建振动系统的振动微分方程。力法是利用牛顿第二定律和质点系动量矩定理对隔离体进行受力分析。能量法是利用能量守恒定律创建系统振动微分方程。拉格朗日方法是通过建立拉格朗日函数、耗散函数、广义力并直接代入拉格朗日方程创建系统振动微分方程。对于质量元件、阻尼元件、刚度元件的链式系统，可直接采用视察法创建，本节将以二自由度振动系统为例介绍。

一般情况下，质量矩阵、阻尼矩阵和刚度矩阵可能存在耦合，即对角线外的矩阵元素不等于零。这种情况会使得方程的求解非常困难。为此，需要对式（1.47）进行解耦。

考虑多自由度振动系统的振动微分方程

$$M\ddot{x} + C\dot{x} + Kx = 0 \tag{1.48}$$

设方程解满足

$$x = X_k e^{i\omega t} \tag{1.49}$$

把式（1.49）代入式（1.48），整理得

$$\left(-\omega_k^2 M + i\omega C + K\right)X_k = 0 \tag{1.50}$$

式中，$k = 1, 2, \cdots, n \in \mathbf{N}$；$\omega_k$ 为系统第 k 阶固有频率；X_k 为对应的系统特征向量或系统的主振型列阵。当系统无阻尼时，式（1.50）变为

$$WX_k = \omega_k^2 X_k \tag{1.51}$$

式中，动力矩阵 $W = M^{-1}K$。显然，式（1.51）是标准的特征值问题，其中系统的特征值就是系统固有频率的平方。定义可使系统解耦的主坐标变换为

$$x = Xy = \{X_1 \quad \cdots \quad X_n\} y \tag{1.52}$$

当系统具有比例阻尼时，将式（1.52）代入式（1.47），并左乘 X^T，得

$$M_d y + C_d y + K_d y = F_d(t) \tag{1.53}$$

式中，

$$M_d = X^T M X, \qquad K_d = X^T K X$$
$$C_d = X^T C X = \alpha M_d + \beta K_d, \quad F_d(t) = X^T F(t)$$

其中，M_d、K_d 和 C_d 均为解耦矩阵，即矩阵对角线以外的元素均为零。

显然，对于解耦的多自由度振动系统振动微分方程，可用单自由度的求解与分析方法求解其振动响应。

下面我们以如图 1.8 所示的二自由度受迫振动系统为例，详述系统建模与响应求解过程。系统受到简谐激励力 $\{F\}e^{i\omega t}$ 的作用。

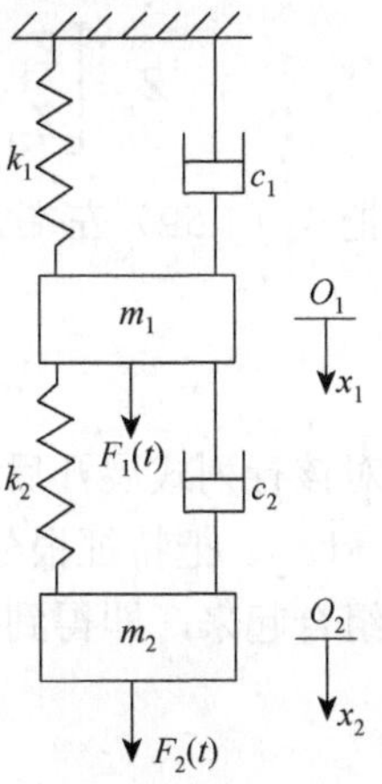

首先，以系统静平衡位置建立如图 1.8 所示的广义坐标$\{O_1\}$和$\{O_2\}$，向下为正。这样，所建立的微分方程中将没有重力项 m_1g 和 m_2g。这里，我们用视察法，快速建立系统振动微分方程组。对链式系统，视察法基本原则为：①质量矩阵是对角矩阵；②阻尼矩阵是对称矩阵，对角元素 c_{ii} 为所有与第 i 个质量元件相连接的阻尼元件阻尼系数之和，非对角元素 $c_{ij} = c_{ji}$，$-c_{ij}$ 是连接第 i 个质量元件和第 j 个质量元件的阻尼元件阻尼系数之和；③刚度矩阵是对称矩阵，其元素确定方法与阻尼矩阵的元素确定方法相同。

图 1.8　具有黏性阻尼的二自由度受迫振动系统

由于二自由度受迫振动系统是链式系统，根据视察法基本原则，质量矩阵为

$$M = \begin{bmatrix} m_1 & 0 \\ 0 & m_2 \end{bmatrix} \tag{1.54}$$

阻尼矩阵为

$$C = \begin{bmatrix} c_1 & -c_2 \\ -c_2 & c_2 \end{bmatrix} \tag{1.55}$$

刚度矩阵为

$$K = \begin{bmatrix} k_1 & -k_2 \\ -k_2 & k_2 \end{bmatrix} \tag{1.56}$$

因此，该系统振动微分方程可直接写成

$$\begin{bmatrix} m_1 & 0 \\ 0 & m_2 \end{bmatrix} \begin{bmatrix} \ddot{x}_1 \\ \ddot{x}_2 \end{bmatrix} + \begin{bmatrix} c_1 & -c_2 \\ -c_2 & c_2 \end{bmatrix} \begin{bmatrix} \dot{x}_1 \\ \dot{x}_2 \end{bmatrix} + \begin{bmatrix} k_1 & -k_2 \\ -k_2 & k_2 \end{bmatrix} \begin{bmatrix} x_1 \\ x_2 \end{bmatrix} = \begin{bmatrix} F_1(t) \\ F_2(t) \end{bmatrix} e^{i\omega t} \tag{1.57}$$

显然，阻尼矩阵与刚度矩阵存在耦合。系统的稳态响应为

$$x = \begin{bmatrix} X_1 \\ X_2 \end{bmatrix} e^{i\omega t} \tag{1.58}$$

将式（1.58）代入式（1.57），整理得

$$\begin{bmatrix} k_1 - \omega^2 m_1 + ic_1\omega & -k_2 - ic_2\omega \\ -k_2 - ic_2\omega & k_2 - \omega^2 m_2 + ic_2\omega \end{bmatrix} \begin{bmatrix} X_1 \\ X_2 \end{bmatrix} = \begin{bmatrix} F_1(t) \\ F_2(t) \end{bmatrix} \tag{1.59}$$

式中，令

$$\boldsymbol{Z} = \begin{bmatrix} Z_{11} & Z_{12} \\ Z_{21} & Z_{22} \end{bmatrix} = \begin{bmatrix} k_1 - \omega^2 m_1 + \mathrm{i}c_1\omega & -k_2 - \mathrm{i}c_2\omega \\ -k_2 - \mathrm{i}c_2\omega & k_2 - \omega^2 m_2 + \mathrm{i}c_2\omega \end{bmatrix} \qquad (1.60)$$

把式（1.59）左端方阵中的阻尼项设为 0，得到特征方程为

$$\begin{vmatrix} k_1 - \omega^2 m_1 & -k_2 \\ -k_2 & k_2 - \omega^2 m_2 \end{vmatrix} = 0 \qquad (1.61)$$

对该行列式展开后是关于 ω^2 的一元二次方程，求解该方程，得到两个根分别为 ω_1 和 ω_2。把特征根分别代入式（1.59），得到特征向量 $[1\ \mu_1]^{\mathrm{T}}$ 和 $[1\ \mu_2]^{\mathrm{T}}$。把特征向量组合起来，即得到振型矩阵

$$\boldsymbol{X} = \begin{bmatrix} 1 & 1 \\ \mu_1 & \mu_2 \end{bmatrix} \qquad (1.62)$$

该振型矩阵对于质量矩阵和刚度矩阵具有正交性，即

$$\boldsymbol{X}^{\mathrm{T}}\boldsymbol{M}\boldsymbol{X} = \begin{bmatrix} M_1 & 0 \\ 0 & M_2 \end{bmatrix}$$
$$\boldsymbol{X}^{\mathrm{T}}\boldsymbol{K}\boldsymbol{X} = \begin{bmatrix} K_1 & 0 \\ 0 & K_2 \end{bmatrix} \qquad (1.63)$$

进一步定义正则振型矩阵

$$\bar{\boldsymbol{X}} = \begin{bmatrix} \dfrac{1}{\sqrt{M_1}} & \dfrac{1}{\sqrt{M_2}} \\ \dfrac{\mu_1}{\sqrt{M_1}} & \dfrac{\mu_2}{\sqrt{M_2}} \end{bmatrix} \qquad (1.64)$$

用该正则振型矩阵对质量矩阵与刚度矩阵解耦，得

$$\boldsymbol{X}^{\mathrm{T}}\boldsymbol{M}\boldsymbol{X} = [I], \qquad \boldsymbol{X}^{\mathrm{T}}\boldsymbol{K}\boldsymbol{X} = [\Lambda] \qquad (1.65)$$

式中，$[I]$ 是一个单位矩阵；$[\Lambda]$ 是正则刚度矩阵，其对角线元素分别是各阶固有频率的平方。

可以用该正则振型矩阵，对式（1.57）振动微分方程解耦，然后求得解耦主坐标的响应，再用振型矩阵反投影到原坐标系。值得注意的是，为了使阻尼矩阵也能用振型矩阵解耦，阻尼矩阵 $\boldsymbol{C}$ 采用以下形式，即

$$\boldsymbol{C} = \alpha\boldsymbol{M} + \beta\boldsymbol{K} \qquad (1.66)$$

式中，α 和 β 为常数。这种形式的阻尼称为比例阻尼。式（1.66）右边第一项为惯性阻尼矩阵，其对应的阻尼力和能量损失分别与动量和动量的变化率成正比。式（1.66）右边第二项为刚度阻尼矩阵，其对应的阻力与局部作用力的变化率成正比。实际上，比例阻尼是一种简化的线性结构阻尼。

当假定图 1.8 所示系统阻尼为比例阻尼时，用正则振型矩阵对式（1.57）进行坐标变换，设

$$\boldsymbol{x} = \bar{\boldsymbol{X}}\boldsymbol{y} \tag{1.67}$$

用式（1.66）对式（1.57）（方程右端置 0，变为自由振动微分方程）进行坐标变换并代入比例阻尼模型，然后左乘 $\bar{\boldsymbol{X}}^{\mathrm{T}}$，得到解耦的振动微分方程，即

$$\ddot{\boldsymbol{y}} + \left(\alpha[I] + \beta[\varLambda]\right)\dot{\boldsymbol{y}} + [\varLambda]\boldsymbol{y} = \boldsymbol{0} \tag{1.68}$$

根据式（1.68）及坐标变换［式（1.67）］，即可求解系统的瞬态响应为

$$\boldsymbol{x}_1 = \bar{\boldsymbol{X}}\boldsymbol{y} \tag{1.69}$$

因为图 1.8 所示的振动系统较为简单，可采用直接求解的方法得到系统的稳态响应，得

$$\boldsymbol{x}_2 = \begin{bmatrix} X_1 \\ X_2 \end{bmatrix} \mathrm{e}^{\mathrm{i}\omega t} = \begin{bmatrix} \dfrac{Z_{22}F_1 - Z_{12}F_2}{Z_{11}Z_{22} - Z_{12}^2} \\ \dfrac{-Z_{21}F_1 + Z_{11}F_2}{Z_{11}Z_{22} - Z_{12}^2} \end{bmatrix} \tag{1.70}$$

1.2.2　振动特性

根据以上关于多自由度受迫振动系统响应求解，可以归纳出以下振动特性。

（1）拍振。当无阻尼或低阻尼多自由度振动系统的固有频率接近的时候，且其固有频率的差值远远小于其固有频率，将会产生自由振动响应的合成效应。这时，将发生幅值调制现象，即出现拍振。该现象的本质是，振动能量在集中质量之间进行交替传递。如图 1.9 所示，无阻尼二自由度振动系统因二阶固有频率接近，集中质量的振动位移有明显的能量转移现象。

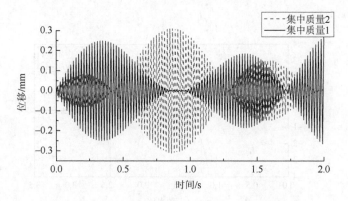

图 1.9　无阻尼二自由度振动系统自由振动的拍振

（2）振型。对如图 1.8 所示的二自由度受迫振动系统，进一步推导式（1.62）振型矩阵中的 μ_1 和 μ_2，即

$$\mu_1 = \frac{k_1 - m_1\omega_1^2}{k_2}, \qquad \mu_2 = \frac{k_1 - m_1\omega_2^2}{k_2} \qquad (1.71)$$

式中，固有频率 $\omega_2 > \omega_1$。显然，$\mu_1 > 0$ 和 $\mu_2 < 0$。其主振型示意图如图 1.10 所示。我们可以发现，一阶振动无节点，二阶振动有一个节点。在系统振动过程中始终保持静止的点，称为节点。节点对扭转振动的系统特别重要，因为节点处往往所受的动应力最大。

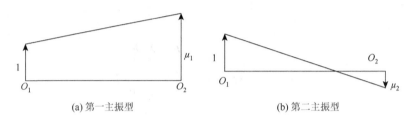

(a) 第一主振型   (b) 第二主振型

图 1.10　二自由度受迫振动系统的主振型示意图

（3）反共振。图 1.11 是无阻尼二自由度受迫振动系统的幅频特性示意图。实线对应的是第 1 阶固有频率对应集中质量（集中质量 1）的位移响应曲线，虚线对应的是第 2 阶固有频率对应集中质量（集中质量 2）的位移响应曲线。显然，当激励频率等于各阶固有频率时，将发生共振。同时，在小于第 1 阶固有频率及其邻域附近，集中质量 1 与集中质量 2 同相振动。在大于第 2 阶固有频率及其邻域附近，集中质量 1 与集中质量 2 反相振动。更为重要的是，当激励频率在两个固有频率之间时，存在一个工作频率点 P_a（图 1.11）。当激励频率等于该工作频率时，集中质量 1 的振动位移等于零。该工作点称为反共振点，对应的频率称为反共振频率。

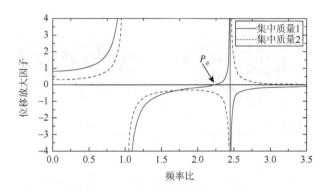

图 1.11　无阻尼二自由度受迫振动系统幅频特性示意图

1.3　本 章 小 结

　　本章针对单自由度振动系统与多自由度振动系统进行了理论建模。由于阻尼在振动系统中的复杂性与重要作用，特别讨论了黏性阻尼、迟滞阻尼、摩擦阻尼的本构模型及其在振动微分方程中使用的等效阻尼比。针对单自由度振动系统与多自由度振动系统的响应特点，简要归纳总结了各种振动现象与规律。读者应进一步结合阅读其他振动理论书籍，理解相关振动理论知识，为后续模态分析与振动测试技术的学习建立扎实的理论基础。

参 考 文 献

闻邦椿，刘树英，张纯宇，2011. 机械振动学[M]. 2 版. 北京：冶金工业出版社.

赵玫，周海亭，陈光冶，等，2004. 机械振动与噪声学[M]. 北京：科学出版社.

de Silva C W，2000. Vibration：Fundamentals and practice[M]. Boca Raton：CRC Press.

Ewins D J，2000. Modal testing：Theory，practice and application[M]. 2nd ed. London：Research Studies Press.

Schmitz T L，Smith K S，2021. Mechanical vibrations：Modeling and measurement[M]. 2nd ed. Cham：Springer International Publishing.

第 2 章　线性离散系统的频率响应

实际机器工作时，常常受到周期激励力的作用，如不平衡离心力、齿轮啮合力及电磁激励等周期激励力，而机器结构的振动表现为在这些周期激励力作用下的响应。当对机器进行简谐扫频激励时，同步测量对应频率的响应，即可获得机器振动频率响应函数。该频率响应函数反映了机器的内在动力学特性，是进行机器动态设计、结构修改、控制与诊断维护的重要依据。因此，掌握机器振动频率响应函数的建模与变换方法，是进行振动测试及实验模态分析的基础。本章阐述线性离散系统的系统传递函数、频率响应函数的概念与基本建模方法，以及机械阻抗、速度导纳、位移导纳等频率响应建模方法。掌握这些方法有助于更好地理解振动测试方法与技术。

2.1　频率响应及其变换方法

2.1.1　系统传递函数

对于如图 1.2 所示的有阻尼受迫振动系统，当其受到简谐激励力 $F_0 \mathrm{e}^{\mathrm{i}\omega t}$ 作用时，得到系统频率响应函数，如式（1.20）所示。因质量为常量，取式（1.20）的中括号部分项为单位质量系统频率响应函数

$$G(\mathrm{i}\omega) = \left[\frac{1}{(\omega_n^2 - \omega^2) + \mathrm{i}2\zeta\omega_n\omega} \right] = \left[\frac{1}{s^2 + 2\zeta\omega_n s + \omega_n^2} \right]_{s=\mathrm{i}\omega} \tag{2.1}$$

式中，ω_n 和 ζ 分别为系统无阻尼固有频率和阻尼比，s 为拉普拉斯变量。以 s 为变量的频率响应函数对应的是质量归一化系统传递函数 $G(s)$。当 $s=\mathrm{i}\omega$ 时，系统传递函数即为系统频率响应函数 $G(\mathrm{i}\omega)$。质量归一化系统频率响应函数 $G(\mathrm{i}\omega)$ 对应质量归一化受迫振动微分方程

$$\ddot{x} + 2\zeta\omega_n\dot{x} + \omega_n^2 x = f_0 \mathrm{e}^{\mathrm{i}\omega} \tag{2.2}$$

式中，$f_0 = F_0/m$。

显然，系统频率响应函数与系统传递函数有天然的关联关系。实际上，系统的频率响应分析本质上是获取简谐激励力下的系统动态响应。频率响应函数对应的独立变量是简谐激励角频率 ω，而系统传递函数对应的独立变量是拉普拉斯变

量 s。系统特性用系统传递函数表达更合适，这是因为时域响应的拉普拉斯变换的解析表达始终存在，但其傅里叶变换却不一定存在。

1. 拉普拉斯变换

分段连续函数 $f(t)$ 的拉普拉斯变换 $F(s)$ 可表示为

$$F(s) = \int_0^\infty f(t)\exp(-st)\mathrm{d}t = Lf(t) \qquad (2.3)$$

式中，$s=\sigma+\mathrm{i}\omega$，它是复数变量，称为拉普拉斯变量。而拉普拉斯逆变换可表示为

$$f(t) = \frac{1}{2\pi\mathrm{i}}\int_{\sigma-\mathrm{i}\infty}^{\sigma+\mathrm{i}\infty} F(s)\exp(st)\mathrm{d}s = L^{-1}F(s) \qquad (2.4)$$

如果按式（2.3）对分段连续函数 $f(t)$ 积分收敛，则其存在拉普拉斯变换。也就是说，如果对某个正实数 σ，有

$$\int_0^\infty |f(t)|\exp(-\sigma t)\mathrm{d}t < \infty \qquad (2.5)$$

成立，则可以保证 $f(t)$ 是可拉普拉斯变换的。只要选择足够大且正的 σ，即可保证收敛。这个特性是拉普拉斯变换比傅里叶变换优越之处。一些重要的拉普拉斯变换见表 2.1。

表 2.1　拉普拉斯变换性质与变换关系

序号	原时域表达	拉普拉斯表达	序号	原时域表达	拉普拉斯表达
1	$L^{-1}F(s)=f(t)$	$Lf(t)=F(s)$	7	单位冲击函数 $\delta(t)$	1
2	$\frac{1}{2\pi i}\int_{\sigma-i\infty}^{\sigma+i\infty} F(s)\exp(st)\mathrm{d}s$	$\int_0^\infty f(t)\exp(-st)\mathrm{d}t$	8	单位阶跃函数 $u_s(t)$	$\frac{1}{s}$
3	$k_1f_1(t)+k_2f_2(t)$	$k_1F_1(s)+k_2F_2(s)$	9	t^n	$\frac{n!}{s^{n+1}}$
4	$\exp(-at)f(t)$	$F(s+a)$	10	$\exp(-at)$	$\frac{1}{s+a}$
5	$f^{(n)}(t)=\frac{\mathrm{d}^n f(t)}{\mathrm{d}t^n}$	$s^n F(s)-s^{n-1}f(0^+)$ $-\cdots-f^{n-1}(0^+)$	11	$\sin\omega t$	$\frac{\omega}{s^2+\omega^2}$
6	$\int_{-\infty}^t f(t)\mathrm{d}t$	$\frac{F(s)}{s}+\frac{\int_{-\infty}^0 f(t)\mathrm{d}t}{s}$	12	$\cos\omega t$	$\frac{s}{s^2+\omega^2}$

2. 冲击响应

图 2.1 为单位脉冲示意图，其冲量等于 1。在 $\tau=0$ 时刻的单位脉冲记作 $\delta(t)$，在任意时刻的单位 τ 的单位脉冲函数的数学定义为

$$\delta(t-\tau) = \begin{cases} 0, & t \neq \tau \\ \infty, & t = \tau \end{cases} \qquad (2.6)$$

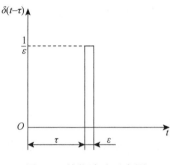

图 2.1　单位脉冲示意图

其性质为

$$\int_{-\infty}^{\infty} \delta(t-\tau)\mathrm{d}\tau = 1 \qquad (2.7)$$

系统对发生在 $\tau=0$ 时刻的单位脉冲激励下的响应，称为单位脉冲响应，记为 $h(t)$。如果单位脉冲激励发生在 $\tau \neq 0$ 时刻，其单位脉冲响应为 $h(t-\tau)$。

对于任意激励力 $f(t)$，可看成是一系列脉冲连续的作用。若在 $t=\tau$ 时刻，系统受到冲量为 $f(\tau)\mathrm{d}\tau$ 的脉冲作用，在 $t>\tau$ 时的响应为

$$\mathrm{d}y = f(\tau)\mathrm{d}\tau h(t-\tau) \qquad (2.8)$$

根据线性叠加原理，当激励力 $f(t)$ 从 $\tau=0$ 到 $\tau=t$ 连续作用下，系统的响应可用积分综合时刻 t 以前所有脉冲响应的结果。因此，可以得到系统在任意激励力 $f(t)$ 作用下的响应为

$$y(t) = \int_0^t f(\tau)h(t-\tau)\mathrm{d}\tau \qquad (2.9)$$

式（2.9）称为杜阿梅尔积分或卷积积分。应该注意的是，式（2.9）中的 t 是考察位移响应的时间，是常量；而 τ 为每个微小脉冲作用的时刻，是变量。

对式（2.9）进行拉普拉斯变换，并设系统状态变量初始值为零，系统激励力为 $f(t)$，可得

$$Y(s) = \int_0^\infty \int_0^\infty f(\tau)h(t-\tau)\mathrm{d}\tau \exp(-st)\mathrm{d}t \qquad (2.10)$$

或

$$Y(s) = \int_0^\infty \int_0^\infty h(\tau)f(t-\tau)\,\mathrm{d}\tau \exp(-st)\mathrm{d}t \qquad (2.11)$$

式中，$h(\cdot)$ 是系统的冲击响应函数。因对 t 积分时，会保持 τ 为常数，即 $\mathrm{d}t = \mathrm{d}(t-\tau)$，代入式（2.11），得

$$Y(s) = \int_{-\tau}^\infty f(t-\tau)\exp[-s(t-\tau)]\mathrm{d}(t-\tau)\int_0^\infty h(\tau)\exp(-s\tau)\mathrm{d}\tau \qquad (2.12)$$

式中，第一个积分下限也可设为 0，因为当 $t<0$ 时，$f(t)=0$。式（2.12）符合拉普拉斯变换规则，可写为

$$Y(s) = H(s)f(s) \qquad (2.13)$$

式中，系统传递函数

$$H(s) = Lh(t) = \int_0^\infty h(t)\exp(-st)\mathrm{d}t \qquad (2.14)$$

3. 传递函数

按系统传递函数的定义，式（2.14）给出系统传递函数 $H(s)$，其表达为冲击

响应函数的拉普拉斯变换。一个物理可实现的线性定常系统具有唯一的系统传递函数，其不依赖于系统输入。

对于线性常系数动力系统，其微分方程有

$$\frac{d^n y(t)}{dt^n} + q_{n-1}\frac{d^{n-1} y(t)}{dt^{n-1}} + \cdots + q_0 y(t) = p_m\frac{d^m r(t)}{dt^m} + p_{m-1}\frac{d^{m-1} r(t)}{dt^{m-1}} + \cdots + p_0 r(t) \quad (2.15)$$

式中，$r(t)$ 和 $y(t)$ 分别是系统的输入（激励）与输出（响应）。对物理可实现系统，$m \leqslant n$。对于任意激励力 $f(t)$ 的 k 阶导数的拉普拉斯变换的表达式为

$$L\frac{d^k f(t)}{dt^k} = s^k F(s) - s^{k-1} f(0) - s^{k-2}\frac{df(0)}{dt} - \cdots - \frac{d^{k-1} f(0)}{dt^{k-1}} \quad (2.16)$$

当系统状态参数初值设为 0，对式（2.15）进行拉普拉斯变换，即可得到系统传递函数

$$H(s) = \frac{Y(s)}{R(s)} = \frac{p_m s^m + p_{m-1} s^{m-1} + \cdots + p_0}{s^n + q_{n-1} s^{n-1} + \cdots + q_0} \quad (2.17)$$

式中，m、n、q、p 均为实数。

传递函数的分母是系统的特征多项式，由其构成系统特征方程，可得到系统的特征值。如果特征值具有负实部，则系统是稳定的。对于有界输入，系统的稳态响应也是有界的。

2.1.2　频率响应函数

冲击响应函数 $h(t)$ 的傅里叶变换为

$$H(f) = \int_{-\infty}^{\infty} h(t)\exp(-i2\pi ft)dt \quad (2.18)$$

式中，$H(f)$ 称为频率响应函数。因为存在冲击响应函数 $h(t)=0|_{t<0}$，式（2.18）的积分下限可设为 0。显然，频率响应函数可通过对系统传递函数 $H(s)$，用 $s = i2\pi f$ 进行替换得到，即 $H(i2\pi f)$ 或 $H(f)$。如果用角频率 $\omega = 2\pi f$ 替换，频率响应函数也可表示为 $H(i\omega)$ 或 $H(\omega)$。对于线性定常系统，傅里叶变换与拉普拉斯变换一样可用来完备表达系统。因此，考虑到激励 $r(t)=0$ 和响应 $y(t)=0$（当 $t<0$），我们可以直接用 $s = i2\pi f = i\omega$ 对以拉普拉斯变量表达的方程或系统等式进行替换。这样，输入输出关系式（2.13）可从拉普拉斯域变换到频域表达

$$Y(f) = H(f)R(f) \quad (2.19)$$

式中，$R(f)$ 为激励力的频域表达。对式（2.15）表示的 n 阶动力学系统，其频率响应函数可直接由其传递函数 [式（2.17）] 进行变量替代得到

$$H(f) = \frac{p_m (i2\pi f)^m + p_{m-1}(i2\pi f)^{m-1} + \cdots + p_0}{(i2\pi f)^n + q_{n-1}(i2\pi f)^{n-1} + \cdots + q_0} \quad (2.20)$$

式（2.20）是一个复数函数，其幅值用$|H(f)|$表示，幅角用$\angle H(f)$表示，它们以频率为变量的曲线图，即为伯德图。伯德图的纵横坐标常采用对数尺度。

1. 二阶系统的冲击响应

考虑如图 2.2 所示有阻尼单自由度振动系统位移激励力学模型，该系统受到支承位移$u(t)$激励。其质量归一化振动微分方程为

$$\ddot{y} + 2\zeta\omega_n\dot{y} + \omega_n^2 y = \omega_n^2 u(t) \qquad (2.21)$$

式中，ζ为阻尼比，ω_n为系统无阻尼固有频率。

根据式（2.17），该系统传递函数可表示为

$$H(s) = \frac{\omega_n^2}{s^2 + 2\zeta\omega_n s + \omega_n^2} \qquad (2.22)$$

根据该传递函数，其特征方程为

$$s^2 + 2\zeta\omega_n s + \omega_n^2 = 0 \qquad (2.23)$$

该式的特征根为

$$\lambda_{1,2} = -\zeta\omega_n \pm \sqrt{\zeta^2 - 1}\,\omega_n \qquad (2.24)$$

当阻尼比$\zeta < 1$时，特征根为

$$\lambda_{1,2} = -\zeta\omega_n \pm \mathrm{i}\omega_d \qquad (2.25)$$

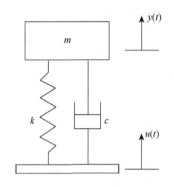

图 2.2　有阻尼单自由度振动系统位移激励力学模型

式中，有阻尼固有频率

$$\omega_d = \sqrt{1 - \zeta^2}\,\omega_n \qquad (2.26)$$

对式（2.22）表达的系统传递函数进行逆拉普拉斯变换（参考表 2.1），即可得弱阻尼（$\zeta < 1$）时的冲击响应函数为

$$h(t) = \frac{\omega_n}{\sqrt{1 - \zeta^2}} \exp(-\zeta\omega_n t)\sin\omega_d t \qquad (2.27)$$

同样，可导出该系统强阻尼（$\zeta > 1$）与临界阻尼（$\zeta = 1$）时的冲击响应函数。

2. 阶跃响应

单位冲击函数是单位阶跃函数对时间的导数，即

$$\delta(t) = \frac{\mathrm{d}u_s(t)}{\mathrm{d}t} \qquad (2.28)$$

式中，单位阶跃函数的数学表达为

$$u_s(t) = \begin{cases} 1, & t > 0 \\ 0, & t \leqslant 0 \end{cases} \qquad (2.29)$$

因 $Lu_s(t)=1/s$，图 2.2 所示系统支承位移激励的单位阶跃响应的传递函数为

$$Y(s) = \frac{1}{s} \frac{\omega_n^2}{\left(s^2 + 2\zeta\omega_n s + \omega_n^2\right)} \tag{2.30}$$

对式（2.30）进行分部整理及拉普拉斯逆变换，即可得到系统的单位阶跃响应。其中，弱阻尼系统的单位阶跃响应为

$$y(t) = 1 - \frac{\omega_n}{\sqrt{1-\zeta^2}} \exp(-\zeta\omega_n t) \sin(\omega_d t + \phi) \tag{2.31}$$

式中，ϕ 与 ζ 的关系为 $\cos\phi=\zeta$。

2.1.3　由状态方程求传递函数矩阵

线性系统微分方程可表示如下

$$\frac{\mathrm{d}\boldsymbol{x}}{\mathrm{d}t} = \boldsymbol{Ax} + \boldsymbol{Bu} \tag{2.32}$$

式中，$\boldsymbol{x}$ 为 n 维系统状态变量，$\boldsymbol{A}$ 为 $n \times n$ 的系统矩阵，$\boldsymbol{B}$ 为 $n \times m$ 的输入增益矩阵，$\boldsymbol{u}$ 为 m 维输入信号。定义 $\boldsymbol{y}$ 为 r 维列向量形式的系统输出信号，则式（2.32）可用状态微分方程与输出方程组合形式的状态空间模型表示。

$$\begin{aligned} \dot{\boldsymbol{x}} &= \boldsymbol{Ax} + \boldsymbol{Bu} \\ \boldsymbol{y} &= \boldsymbol{Cx} + \boldsymbol{Du} \end{aligned} \tag{2.33}$$

式中，$\boldsymbol{C}$ 为 $r \times n$ 的输出增益矩阵，$\boldsymbol{D}$ 为 $r \times m$ 的前馈增益矩阵。

使用状态空间模型表示 $r \times m$ 的系统传递函数矩阵，分别对式（2.33）表示的状态微分方程与输出方程进行拉普拉斯变换（设定系统初值为 0），得

$$\begin{aligned} s\boldsymbol{X}(s) &= \boldsymbol{AX}(s) + \boldsymbol{BU}(s) \\ \boldsymbol{Y}(s) &= \boldsymbol{CX}(s) + \boldsymbol{DU}(s) \end{aligned} \tag{2.34}$$

根据式（2.34），状态微分方程可变换为

$$\boldsymbol{X}(s) = \left(s\boldsymbol{I} - \boldsymbol{A}\right)^{-1} \boldsymbol{BU}(s) = \boldsymbol{\Phi}(s)\boldsymbol{BU}(s) \tag{2.35}$$

式中，$\boldsymbol{\Phi}(s)=L\boldsymbol{\Phi}(t)$，$\boldsymbol{\Phi}(t)$ 称为系统的基本矩阵或状态转移矩阵，其决定了系统的零输入响应；$\boldsymbol{I}$ 为 $n \times n$ 的单位矩阵。把式（2.35）代入式（2.34）的输出方程，可得系统输出

$$\boldsymbol{Y}(s) = \left[\boldsymbol{C\Phi}(s)\boldsymbol{B} + \boldsymbol{D}\right]\boldsymbol{U}(s) \tag{2.36}$$

或

$$\boldsymbol{Y}(s) = \boldsymbol{G}(s)\boldsymbol{U}(s) \tag{2.37}$$

式中，系统传递函数矩阵 $\boldsymbol{G}(s)$ 是 $r \times m$ 的矩阵。大多数情况下，从系统输入到系统输出存在滞后，可设 $\boldsymbol{D} = \boldsymbol{0}$，则系统传递函数矩阵可表示为

$$\boldsymbol{G}(s) = \boldsymbol{C}\boldsymbol{\Phi}(s)\boldsymbol{B} \tag{2.38}$$

这里，我们以图 2.2 所示的支承位移激励的单自由度振动系统为例，进行系统传递函数矩阵的求解。根据该系统质量归一化的振动微分方程［式（2.21）］，定义状态变量为

$$\boldsymbol{x} = \begin{bmatrix} y & \dot{y} \end{bmatrix}^{\mathrm{T}} \tag{2.39}$$

则系统的状态微分方程可表示为

$$\dot{\boldsymbol{x}} = \begin{bmatrix} 0 & 1 \\ -\omega_n^2 & -2\zeta\omega_n \end{bmatrix} \boldsymbol{x} + \begin{bmatrix} 0 \\ \omega_n^2 \end{bmatrix} u(t) \tag{2.40}$$

定义系统输出为集中质量的位移与速度，则输出信号表示为

$$\boldsymbol{y} = \boldsymbol{x} \tag{2.41}$$

式（2.35）结合式（2.41），可以推得系统输出为

$$\begin{aligned} \boldsymbol{Y}(s) &= \begin{bmatrix} s & -1 \\ \omega_n^2 & s + 2\zeta\omega_n \end{bmatrix} \begin{bmatrix} 0 \\ \omega_n^2 \end{bmatrix} \boldsymbol{U}(s) \\ &= \frac{1}{s^2 + 2\zeta\omega_n s + \omega_n^2} \begin{bmatrix} \omega_n^2 \\ s\omega_n^2 \end{bmatrix} \boldsymbol{U}(s) \end{aligned} \tag{2.42}$$

因此，系统传递函数矩阵为

$$\boldsymbol{G}(s) = \begin{bmatrix} \omega_n^2 / \Delta(s) \\ s\omega_n^2 / \Delta(s) \end{bmatrix} \tag{2.43}$$

式中，$\Delta(s) = s^2 + 2\zeta\omega_n s + \omega_n^2$ 为系统的特征多项式。显然，该传递函数矩阵的第一项为位移响应传递函数，第二项为速度响应传递函数。仔细观察式（2.43），速度响应传递函数可通过位移响应传递函数乘以微分算子 s 得到，这样，加速度响应可直接表示为

$$\boldsymbol{Y}(s) = \frac{s^2\omega_n^2}{\Delta(s)} \boldsymbol{U}(s) \tag{2.44}$$

2.2　使用机械阻抗表达频率响应

在机械系统振动分析中，力与运动变量常作为系统的输入与输出。相应的频率传递函数用三类传递函数表达：机械阻抗函数（impedance function）、速度导纳函数（mobility function）和力/运动传递函数（transmissibility function）。本节引入与电路网络对应的机械阻抗网络的概念进行频率响应建模。

2.2.1 机械阻抗的表达

常用频域表达的穿越变量与跨越变量来描述机械阻抗函数与速度导纳函数。这里，穿越变量指作用力，跨越变量指运动速度。当以系统作用力为系统输出变量、运动速度为系统输入变量时，频率传递函数是机械阻抗（Z）。反之，运动速度为系统输出变量、作用力为系统输入变量时，频率传递函数是速度导纳（M）。显然，机械阻抗与速度导纳成反比，表示为

$$M = \frac{1}{Z} \tag{2.45}$$

根据不同的应用需要，机械传递函数可以有不同的定义，包括动刚度、位移导纳/动柔度、机械阻抗、速度导纳、动态惯性、加速度导纳、力传递率和运动传递率，见表 2.2。显然，动刚度、位移导纳/动柔度、动态惯性与加速度导纳均可通过机械阻抗函数（算子 $i\omega$）与速度导纳[算子 $1/(i\omega)$]函数计算得到。线性离散系统是由质量元件、阻尼元件与刚度元件构成的。它们的频率传递函数如表 2.3 所示。

表 2.2 常用机械传递函数定义

机械传递函数	定义（频域）
动刚度	力/位移 $= Z \times i\omega$
位移导纳/动柔度	位移/力 $= M/(i\omega)$
机械阻抗	力/速度 $= Z$
速度导纳	速度/力 $= M$
动态惯性	力/加速度 $= Z/(i\omega)$
加速度导纳	加速度/力 $= M \times i\omega$
力传递率	传递力/作用力
运动传递率	传递速度/作用速度

表 2.3 线性离散系统基本元件的频率传递函数

机械元件	力（频域）	机械阻抗	速度导纳	位移导纳
质量元件（m）	$mi\omega v$	$mi\omega$	$1/(mi\omega)$	$1/[m(i\omega)^2] = -1/(m\omega^2)$
刚度元件（k）	$kv/(i\omega)$	$k/(i\omega)$	$i\omega/k$	$1/k$
阻尼元件（c）	cv	c	$1/c$	$1/(ci\omega)$

注：表中 v 是速度。

2.2.2　阻抗网络互连定律

在机械振动系统中,机械阻抗元件或速度导纳元件可看成是一个二端口元件,具有一个输入端口和一个输出端口。二端口元件的每个端口都有一个穿越变量和

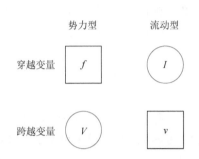

图 2.3　机械元件与电气元件变量性质的关联

一个跨越变量。对于机械元件的二端口模型,力和速度分别是穿越变量和跨越变量。对于电气元件的二端口模型,电流和电压分别是穿越变量和跨越变量。但机械元件与电气元件的穿越变量与跨越变量表现并不完全相同。图 2.3 中提出了势力型与流动型分类,对机械元件变量(力 f 与速度 v)与电气元件变量(电压 V 与电流 I)进行了对应。其

中,方框对应的是机械元件变量,圆形对应的是电气元件变量。例如,当机械元件串联连接时,系统的速度导纳与各元件速度导纳是加和的关系;当电气元件串联连接时,系统的阻抗与各元件阻抗也是加和的关系。因此,串联连接时,机械元件的速度导纳与电气元件的阻抗功能等效,即当机械元件串联连接时,可把机械元件的速度导纳等效为电路的阻抗,从而按电路性能进行计算与分析。这样,我们可以通过以下阻抗计算公式,把机械系统与电气系统互连统一起来。

$$机械阻抗或电气阻抗 = \frac{势力(f 或 V)}{流动(v 或 I)} \qquad (2.46)$$

因此,我们可归纳得到:对于串联连接,电气阻抗与机械速度导纳对应;对于并联连接,电气导纳与机械阻抗对应。表 2.4 列出了机械元件串联与并联连接的端口性质。

表 2.4　机械阻抗互连定律

拓扑连接	性质
串联连接 	$v = v_1 + v_2$
	$\dfrac{v}{f} = \dfrac{v_1}{f} + \dfrac{v_2}{f}$
	$M = M_1 + M_2$
	$\dfrac{1}{Z} = \dfrac{1}{Z_1} + \dfrac{1}{Z_2}$

续表

拓扑连接	性质
并联连接 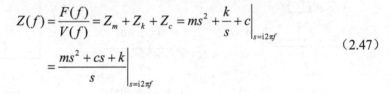	$f = f_1 + f_2$
	$\dfrac{f}{v} = \dfrac{f_1}{v} + \dfrac{f_2}{v}$
	$Z = Z_1 + Z_2$
	$\dfrac{1}{M} = \dfrac{1}{M_1} + \dfrac{1}{M_2}$

注：f、Z、M 和 v 分别表示力、机械阻抗、速度导纳和速度。

图 2.4（a）是有阻尼单自由度受迫振动系统的阻抗网络的力学模型，其相应的等效机械电路见图 2.4（b）。机械电路中的虚线表示集中质量的惯性力直接传导到支承地面。系统的作用源是激励力 $f(t)$，也是系统的输入，相应的响应是速度 v。这时，系统的频率传递函数为速度导纳函数：$V(f)/F(f)$。根据表 2.4，机械元件（速度导纳函数）并联特性对应电路元件的（阻抗）串联特性。表 2.4 给出了机械阻抗并联时，合成阻抗具有直接相加的特性，而速度导纳具有并联特性。图 2.4（c）是对应的阻抗电路。根据阻抗电路，可直接写出系统的频率阻抗函数为

$$Z(f) = \frac{F(f)}{V(f)} = Z_m + Z_k + Z_c = ms^2 + \frac{k}{s} + c \Big|_{s=\mathrm{i}2\pi f}$$

$$= \frac{ms^2 + cs + k}{s} \Big|_{s=\mathrm{i}2\pi f} \tag{2.47}$$

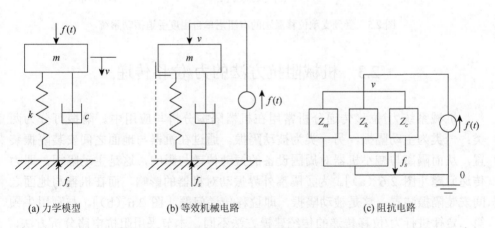

(a) 力学模型　　　　　　(b) 等效机械电路　　　　　　(c) 阻抗电路

图 2.4　有阻尼单自由度受迫振动系统的阻抗网络

图 2.5（a）是有阻尼单自由度受迫振动系统受到支承位移激励的力学模型，相应的等效机械电路见图 2.5（b）。支承位移是系统的位移源，作用在支承上的力为 f。同样，机械电路上的虚线代表集中质量惯性力直接传导到支承地面。支承地面位移为 0。图 2.5（c）是对应的阻抗电路。显然，弹簧与阻尼器并联，其对应的机械阻抗为 Z_s；阻抗 Z_s 与集中质量对应的阻抗 Z_m 串联。根据表 2.4 元件阻抗合成性质，系统阻抗函数为

$$Z(f) = \frac{1}{M(f)} = \frac{1}{M_m + \dfrac{1}{Z_k + Z_c}} = \left. \frac{ms(cs+k)}{ms^2 + cs + k} \right|_{s=\mathrm{i}2\pi f} \tag{2.48}$$

集中质量的速度导纳函数为

$$\frac{V_m(f)}{F(f)} = \left. \frac{1}{ms} \right|_{s=\mathrm{i}2\pi f} \tag{2.49}$$

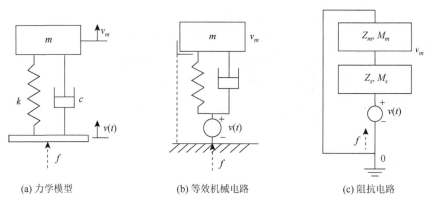

(a) 力学模型　　　　　(b) 等效机械电路　　　　　(c) 阻抗电路

图 2.5　受到支承位移激励的有阻尼单自由度受迫振动系统

2.3　机械阻抗方法的力/位移传递

机械系统力/位移传递分析常用在机器隔振分析与应用中。隔振可分为两类：一类为主动隔振，另一类为被动隔振。通过在机器与地面之间安装隔振装置，从而隔离与减小机器对周围设备的振动传递与影响，这是主动隔振，即力传递问题［图 2.6（a）］。为了隔离外界振动对机器的影响，而在机器与地面之间安装隔振装置，这是被动隔振，即位移传递问题［图 2.6（b）］。与利用牛顿第二定律进行力/位移传递的传统建模方法不同，本节采用阻抗电路分析方法，进行相关传递函数建模。

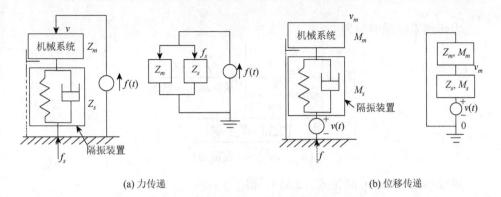

(a) 力传递　　　　　　　　　　　　　　　　(b) 位移传递

图 2.6　力/位移传递等效机械电路与阻抗电路

2.3.1　激励力传递

根据图 2.6（a）所示的反映力传递问题的等效机械电路，机械系统的机械阻抗为 Z_m，隔振装置的机械阻抗为 Z_s。该机械电路是以激励力 $f(t)$ 为力源（输入）的阻抗并联回路。因此，按表 2.4 给出的性质及机械电路原理，传递到支承地面的作用力 F_s 可通过机械阻抗关系推导得到

$$F_s = Z_s V \qquad (2.50)$$

式（2.50）反映频域关系。同时，频域激励力可表示为

$$F = (Z_m + Z_s)V \qquad (2.51)$$

因此，频域激励力传递率为

$$T_f = \frac{F_s}{F} = \frac{Z_s}{Z_m + Z_s} \qquad (2.52)$$

显然，该式反映一个与电气电路电阻分压类似的性质，即这里力等同电压，机械阻抗等同电阻，传递力等同隔振装置机械阻抗上的力（等同电气电路中电阻上的两端电压）。

考虑图 2.4 所示的有阻尼单自由度受迫振动系统，分析其力传递问题。显然，该问题与图 2.6（a）的模型等效，即隔振装置的机械阻抗为

$$Z_s = Z_k + Z_c \qquad (2.53)$$

把式（2.53）代入式（2.52），即得到有阻尼单自由度受迫振动系统的力传递率为

$$T_f = \frac{F_s}{F} = \frac{Z_k + Z_c}{Z_m + Z_k + Z_c} = \frac{\dfrac{k}{i\omega} + c}{mi\omega + \dfrac{k}{i\omega} + c} \qquad (2.54)$$

力传递率幅频响应为

$$\left| T_f \right| = \left| \frac{\dfrac{k}{i\omega} + c}{mi\omega + \dfrac{k}{i\omega} + c} \right| = \left| \frac{k + ci\omega}{k - m\omega^2 + ci\omega} \right| \tag{2.55}$$

$$= \sqrt{\frac{\left(2\zeta\omega_n\omega\right)^2 + \omega_n^4}{\left(\omega_n^2 - \omega^2\right)^2 + \left(2\zeta\omega_n\omega\right)^2}}$$

用频率比 $\lambda = \omega/\omega_n$ 简化式（2.55），得

$$\left| T_f \right| = \sqrt{\frac{1 + 4\zeta^2\lambda^2}{\left(1 - \lambda^2\right)^2 + 4\zeta^2\lambda^2}} \tag{2.56}$$

当频率比 $\lambda = 0$ 时，$\left| T_f \right| = 1$。

当频率比 $\lambda = 1$ 时，有

$$\left| T_f \right| = \sqrt{1 + \frac{1}{4\zeta^2}} \tag{2.57}$$

图 2.7 是力传递率幅频响应曲线。当系统的固有频率远大于激励频率时，隔振效果几乎没有；当频率比 $\lambda < \sqrt{2}$ 时，$\left| T_f \right| > 1$。在频率比 $\lambda > \sqrt{2}$ 的区域，$\left| T_f \right| < 1$，才有隔振效果，称为隔振区。

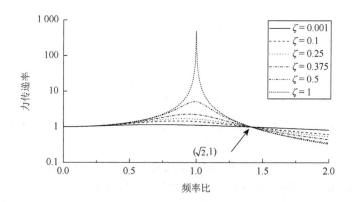

图 2.7 力传递率幅频响应曲线

2.3.2 支承位移传递

根据图 2.6（b）所示的反映位移传递问题的等效机械电路，机械系统的速度导纳为 M_m（机械阻抗为 Z_m），隔振装置的速度导纳为 M_s（机械阻抗为 Z_s）。该机

械电路为位移源（输入）[等价为速度源 $v(t)$]的阻抗串联回路。因此，按表 2.4 给出的性质及机械电路原理，传递到机器的位移传递率可通过机械速度导纳分担关系推导得到

$$T_m = \frac{V_m}{V} = \frac{M_m}{M_m + M_s} = \frac{1}{1 + \dfrac{M_s}{M_m}}$$

$$= \frac{1}{1 + \dfrac{Z_m}{Z_s}} = \frac{Z_s}{Z_m + Z_s} \tag{2.58}$$

对比式（2.52），有

$$T_m = T_f \tag{2.59}$$

2.4　位移导纳方法

位移导纳（receptance）也称为动柔度（dynamic flexibility），通过位移频率响应来体现系统特性，是另外一种频率响应函数（定义见表 2.2）。因为速度 V 与位移 X 之间的关系是：$V = i\omega X$，可得，位移导纳 R 与速度导纳 M 关系为 $R = M/(i\omega)$。这样，可以导出质量元件、刚度元件及阻尼元件的位移导纳，见表 2.3。

2.4.1　位移导纳网络互连定律

如图 2.8 所示是位移导纳元件的串联、并联连接。因位移导纳对应的输入是力、输出是位移，因此，串联连接时，合成位移是各位移导纳元件输出位移之和，即有

$$R = \sum_{i=1}^{n} R_i \tag{2.60}$$

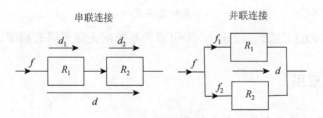

图 2.8　位移导纳电路

当位移导纳元件并联连接时,合成输出力等于所有位移导纳元件输入力之和,即有

$$\frac{1}{R} = \sum_{i=1}^{n} \frac{1}{R_i} \qquad (2.61)$$

式(2.60)和式(2.61)成立的原因是位移导纳天然的位移相容性约束,即位移连续性与位移导纳元件闭环回路位移等于0。根据表2.3,质量元件、刚度元件的位移导纳均为实数,仅阻尼元件位移导纳为虚数。这个特性使得相对于机械阻抗等采用位移导纳分析系统频率响应更为简单。图2.8所示的串联、并联连接,输入力等效电流、相对位移等效电压差,因此,可按电气电路得到位移导纳串联、并联回路的位移、力分配性质

$$串联: \quad d_1 = \frac{R_1}{R_1 + R_2} d, \ d = d_1 + d_2$$
$$并联: \quad f_1 = \frac{R_2}{R_1} f_2, \ f = f_1 + f_2 \qquad (2.62)$$

对于无阻尼振动系统,位移导纳频率响应常用来分析系统的动态特性。根据系统特征方程确定原则,当位移导纳元件串联时,式(2.60)对应的系统特征方程为

$$\frac{1}{\sum_{i=1}^{n} R_i} = 0 \qquad (2.63)$$

式中,当 $n = 2$ 时,对应两个位移导纳元件串联,其特征方程变为

$$\frac{1}{R_1 + R_2} = 0 \qquad (2.64)$$

当位移导纳元件并联时,式(2.61)对应的系统特征方程为

$$\sum_{i=1}^{n} \frac{1}{R_i} = 0 \qquad (2.65)$$

式中,当 $n = 2$ 时,对应两个位移导纳元件并联,其特征方程变为

$$R = R_1 + R_2 \qquad (2.66)$$

求解式(2.63)或式(2.65),即可求得系统的无阻尼固有频率。

2.4.2　方法应用

1. 求无阻尼单自由度振动系统固有频率

考虑图2.4所示的有阻尼单自由度受迫振动系统。当阻尼等于0或无阻尼器

时，系统变为无阻尼单自由度受迫振动系统。根据其机械阻抗电路，集中质量与弹簧并联连接，即质量位移导纳 R_m 与刚度位移导纳 R_k 并联连接。因此，系统特征方程为

$$R_m + R_k = 0 \qquad (2.67)$$

或

$$\frac{1}{\omega^2 m} + \frac{1}{k} = 0 \qquad (2.68)$$

因此，求解式（2.65），系统无阻尼固有频率为

$$\omega_n = \sqrt{\frac{k}{m}} \qquad (2.69)$$

2. 求解无阻尼动力吸振器

考虑图 2.9（a）所示的无阻尼动力吸振器的力学模型，按机械阻抗电路建立原则，绘制相应的等效机械电路［图 2.9（b）］。图中，吸振器子系统的集中质量的惯性力直接传导到支承地面，用虚线表示；主系统的集中质量的惯性力也是直接传导到支承地面，用虚线表示。主系统受到激励力 $f(t)$ 作用，该 $f(t)$ 等效为电路力源（系统输入）。吸振器子系统的质量位移导纳用 R_m 表示，刚度位移导纳用 R_k 表示。主系统的质量位移导纳用 R_M 表示，刚度位移导纳用 R_K 表示。吸振器子系统的刚度位移导纳与质量位移导纳之间串联连接，主系统位移导纳 R_a 为

$$R_a = \frac{1}{-\omega^2 M + K} \qquad (2.70)$$

主系统的刚度位移导纳与质量位移导纳之间并联连接，吸振器子系统位移导纳 R_b 为

$$R_b = -\frac{1}{\omega^2 m} + \frac{1}{k} \qquad (2.71)$$

同时，主系统位移导纳与吸振器子系统位移导纳之间并联连接。这样，得到如图 2.9（c）所示的系统位移导纳电路及如图 2.9（d）所示的简化位移导纳电路。

根据位移导纳并联回路的分流特性，分析吸振器子系统动力减振的原理，得到主系统的实际作用力为

$$f_a = \frac{R_b}{R_a} f_b = \frac{R_b(f - f_a)}{R_a} \qquad (2.72)$$

整理，得

$$f_a = \frac{R_b f}{R_a + R_b} \qquad (2.73)$$

显然，当 $R_b = 0$ 时，作用在主系统的实际作用力为 0，达到主系统动力减振的目的。根据式（2.71），得出主系统动力减振的条件为

$$\omega = \omega_a = \sqrt{\frac{k}{m}} \qquad (2.74)$$

式中，ω_a 为吸振器子系统的固有频率，即动力减振的条件为吸振器子系统的固有频率等于简谐激励频率。

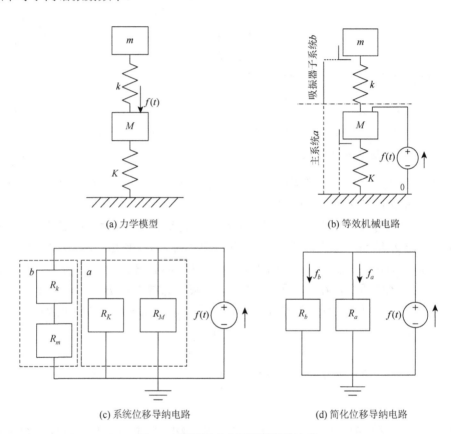

(a) 力学模型　　　　　　　　　　　(b) 等效机械电路

(c) 系统位移导纳电路　　　　　　　(d) 简化位移导纳电路

图 2.9　无阻尼动力吸振器阻抗电路

同时，系统的特征方程为

$$R_a + R_b = 0 \qquad (2.75)$$

把式（2.70）与式（2.71）代入式（2.75），得

$$\frac{1}{-\omega^2 M + K} + \frac{1}{-\omega^2 m} + \frac{1}{k} = 0 \qquad (2.76)$$

对式（2.76）进一步整理，取分子，即得系统特征方程为

$$mM\omega^4 - (kM + Km + km)\omega^2 + kK = 0 \qquad (2.77)$$

求解特征方程，即可得到两个正实根对应的系统固有频率。读者可以进一步

参考其他振动理论书籍，对照其他方法建立特征方程与求解系统无阻尼固有频率的结果，体会位移导纳方法的特点。

2.5　本　章　小　结

频率响应函数反映了机器的内在动力学特性，是进行机器动态设计、结构修改、控制与诊断维护的重要依据，本章针对振动系统频率响应函数的建模与求解方法，进行了详细论述。本章以典型单自由度受迫振动系统为例，通过引入线性离散系统的系统传递函数与频率响应函数的概念，建立了它们之间的关联关系，并阐述了振动系统频率响应的基本建模方法。本章重点引入了机械阻抗的概念，基于电气电路与机械电路统一分析框架，论述了机械阻抗网络、位移导纳网络的建模方法与阻抗合成方法。针对单自由度受迫振动系统及位移激励振动系统，采用阻抗网络与阻抗合成方法，推导了力/位移传递频率响应。最后，以动力吸振器振动系统为例，介绍了系统位移导纳分析方法及其系统特征方程的建立方法与应用。读者应进一步结合阅读其他振动理论书籍，理解本章频率响应函数建模方法，为后续模态分析与振动测试技术的学习建立扎实的理论基础。

参 考 文 献

多尔夫，毕晓普，2011. 现代控制系统：第十一版[M]. 谢红卫，孙志强，宫二玲，等，译. 北京：电子工业出版社.

赵玫，周海亭，陈光冶，等，2004. 机械振动与噪声学[M]. 北京：科学出版社.

de Silva C W，2000. Vibration：Fundamentals and practice[M]. Boca Raton：CRC Press.

Ewins D J，2000. Modal testing：Theory，practice and application[M]. 2nd ed. London：Research Studies Press.

Schmitz T L，Smith K S，2021. Mechanical vibrations：Modeling and measurement[M]. 2nd ed. Cham：Springer International Publishing.

第 3 章 模态分析

复杂机械系统具有分布式能量存储与分布式能量耗散特性，这种系统中的惯量、刚度与阻尼具有空间分布特性与时变特性，即其大小与空间位置及时间有关。为了能够分析这种复杂机械系统，常用集中质量、弹簧与阻尼器进行简化及其互联近似表达，即用离散动力学系统近似替代连续动力学系统。离散动力学系统采用线性刚度与线性阻尼，因此，可用线性常微分方程表达，且离散动力学系统的响应可用模态振动的线性组合得到。基于系统的模态振动特征，我们可以对系统进行模态分析，并以此进行构件缺陷诊断、模型修改、机器动态设计等工作。例如，当结构存在某种缺陷时，其某个或某些模态振动将具有明显特征，据此，就可以判断缺陷的类型与位置。当系统较为复杂时，可以采用基于模态分析技术的子结构法，把复杂机器或模型分解为简单的动力学模型。这些子结构模型可以采用实验模态分析、有限元模型及理论模型得到。修正好的子结构模型，即可按模态理论组合得到系统整体动力学模型。

本章阐述系统自由度的本质概念与模态表达、模态振动的正交性与求解方法和状态空间的模态分析。掌握这些模态理论有助于更好地理解实验模态分析技术。

3.1 系统的模态表达

3.1.1 自由度与独立坐标

对于一个离散或者连续结构振动系统的数学模型及其响应，均需要独立坐标来描述其质量元件的位置。若某一组独立坐标能完全确定系统在任何瞬时的位置，则这组坐标称为广义坐标。自由度就是完全确定系统任何瞬时位置所需的独立坐标的数目。一般情况，能完全确定系统任何瞬时位置或建立振动系统数学模型时的广义坐标的数目与系统自由度相等。更严格的是，自由度与振动系统的独立增量广义坐标相等，用这些增量广义坐标来表示一个广义运动。因此，也可以说，自由度是可能的增量独立运动的数目。

一个质点需要 3 个独立坐标才能确定其在空间中的位置，因此，它的自由度为 3。一个刚体在空间中需要 6 个独立坐标才能确定其位置，因此，它的自由度为 6。这些例子只是常规的情况。对于由多个构件或零件连接而成的机器，其构

成的振动系统包含了 n 个质点、m 个刚体，那么其系统自由度可表示为

$$N_{dof} = 3n + 6m - N_c \tag{3.1}$$

式中，N_c 为约束方程的数目。

不完整约束（nonholonomic constraint）是指系统约束不能用含独立坐标与时间的纯代数方程表示的约束，反之称为完整约束。对于可积系统（即仅含有完整约束），其自由度与描述系统所需的独立增量广义坐标数目相等。上述质点与刚体的自由度的例子就是这种情况。但对于系统含有不完整约束的情况，应采用自由度的独立增量广义坐标确定系统自由度，这是因为系统独立增量广义坐标的数目一般小于完全确定系统位置所需的独立坐标数目。图 3.1 描述汽车在平面内沿某一方向直线运动的场景，可等效为平面内的一维刚体直线运动。我们知道，需要3 个自由度来确定平面内刚体的运动，包括坐标 x 与 y 以确定汽车中心点 $P(x, y)$ 及姿态角 θ。显然，该系统存在一个不完整约束，为

$$\frac{dy}{dx} = \tan\theta \tag{3.2}$$

因此，该简单系统仅需两个独立增量广义坐标就可以描述系统位置，即系统自由度为 2。

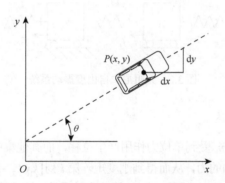

图 3.1　平面内汽车沿某一方向直线运动

另一个含有不完整约束的例子是，球在水平面内无滑动、纯滚动的运动系统。设水平面为 x 轴与 y 轴组成的平面 XOY，球的半径为 r，球心为 $O(x, y, r)$，dx 与 dy 为球心的增量位移，$P(x, y, z)$ 为球表面某一点。向量 $\boldsymbol{OP}$ 与 z 的夹角为 ϕ 及水平面内与 x 轴的夹角为 θ。同时，当球沿水平面无滑动、纯滚动时，球绕向量 $\boldsymbol{OP}$ 的转角为 Ψ，绕 y 轴的转角为 β，绕 x 轴的转角为 α。这些角度量存在以下几何关系

$$d\alpha = -d\phi\sin\theta + d\Psi\sin\phi\cos\theta$$
$$d\beta = d\phi\cos\theta + d\Psi\sin\phi\sin\theta \tag{3.3}$$

这样，我们可得到该运动系统的两个不完整约束方程为

$$dx = r(d\phi\cos\theta + d\Psi\sin\phi\sin\theta)$$
$$dy = r(d\phi\sin\theta - d\Psi\sin\phi\cos\theta)$$

（3.4）

确定平面内球的运动需要 5 个独立坐标，但由于系统存在两个不完整约束，系统的自由度应为扣除这两个不完整约束后的独立增量广义坐标，这三个独立增量广义坐标可为 $d\theta$，$d\phi$ 和 $d\Psi$；或为 $d\alpha$，$d\beta$ 和 $d\theta$；或为 dx，dy 和 $d\theta$。因此，球在水平面内无滑动、纯滚动的自由度为 3。

3.1.2　动力学系统参数表达

根据式（1.47）所示的多自由度振动系统的振动微分方程，显然，质量矩阵、刚度矩阵、阻尼矩阵与动力学系统密切相关。而对它们的数学建模表达是完成系统数学动力学建模与模态分析的基础。有不同的方法完成动力学系统质量矩阵、刚度矩阵与阻尼矩阵的建模与数学表达。这里仅以图 3.2 所示的无阻尼二自由度振动系统来阐述影响系数法及视察法如何实现这些动力学参数的建模表达。

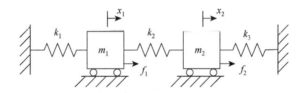

图 3.2　无阻尼二自由度振动系统

1. 刚度矩阵的表达

假定某集中质量 m_i 受到单位力作用产生位移，而其他集中质量保持静止，分别评估集中质量应该施加的力，从而得到刚度矩阵第 i 列 $[k_{1i}\ k_{2i}\ \cdots\ k_{ni}]^T$。该方法称为刚度影响系数法，也叫力法。对图 3.2 所示的动力学系统，按力法假定集中质量 m_1 产生单位位移，集中质量 m_2 保持静止。这时，集中质量 m_1 的所作用的外力 $f_1 = k_{11} = k_1 + k_2$，集中质量 m_2 所受的外力 $f_2 = k_{21} = -k_2$，刚度矩阵第 1 列为 $[k_1 + k_2\ \ -k_2]^T$。同样，假定集中质量 m_2 产生单位位移，集中质量 m_1 保持静止。这时，集中质量 m_2 的所作用的外力 $f_2 = k_{22} = k_2 + k_3$，集中质量 m_1 所受的外力 $f_1 = k_{12} = -k_2$，刚度矩阵第 2 列为 $[-k_2\ \ k_2 + k_3]^T$。因此，该二自由度振动系统的刚度矩阵为

$$\boldsymbol{K} = \begin{bmatrix} k_1 + k_2 & -k_2 \\ -k_2 & k_2 + k_3 \end{bmatrix}$$

（3.5）

假定某集中质量 m_i 受到单位力的作用，而其他集中质量无外力作用，然后，分别评估各集中质量产生的位移，从而得到柔度矩阵第 i 列 $[\delta_{1i}\ \delta_{2i}\ \cdots\ \delta_{ni}]^T$。该方

法称为柔度影响系数法。显然，很容易得到柔度矩阵 $\boldsymbol{H}$。假定仅集中质量 m_1 受到单位力作用，相当于刚度为 k_2 的弹性元件与刚度为 k_3 的弹性元件串联，然后与刚度为 k_1 的弹性元件并联。因此，集中质量 m_1 的位移为

$$h_{11} = \frac{1}{k_1 + \dfrac{k_2 k_3}{k_2 + k_3}} = \frac{k_2 + k_3}{k_1 k_2 + k_2 k_3 + k_3 k_1} \tag{3.6}$$

集中质量 m_2 的位移为

$$h_{21} = \frac{k_2}{k_1 k_2 + k_2 k_3 + k_3 k_1} \tag{3.7}$$

同理，可以得到柔度矩阵的元素 h_{12} 与 h_{22}。由于刚度矩阵与柔度矩阵是矩阵逆的关系，则图 3.2 所示系统的刚度矩阵为

$$\boldsymbol{K} = \boldsymbol{H}^{-1} = \begin{bmatrix} h_{11} & h_{12} \\ h_{21} & h_{22} \end{bmatrix}^{-1} = \begin{bmatrix} k_1 + k_2 & -k_2 \\ -k_2 & k_2 + k_3 \end{bmatrix} \tag{3.8}$$

以上两种方法完成这种链式集中质量-弹簧-阻尼刚度矩阵的建模仍然比较烦琐。这里提出一种针对链式动力学系统刚度矩阵的快速建模方法，称为视察法。主对角线上的刚度影响系数 k_{ii} 等于连接到该集中质量所有弹性元件刚度之和，其他非对角线刚度影响系数 k_{ij} 等于连接集中质量 m_i 与集中质量 m_j 所有弹性元件的刚度之和，然后取负。针对图 3.2 所示系统，连接集中质量 m_1 的是刚度为 k_1、k_2 的两个弹性元件，因此，$k_{11} = k_1 + k_2$；连接集中质量 m_2 的是刚度为 k_2、k_3 的两个弹性元件，因此，$k_{22} = k_2 + k_3$。连接集中质量 m_1 与集中质量 m_2 的只有刚度为 k_2 的弹性元件，因此，$k_{12} = k_{22} = -k_2$。显然，这时得到的刚度矩阵与前述两种方法的结果一致。

2. 质量矩阵的表达

对如图 3.2 所示的动力学系统，其质量矩阵也可参照刚度矩阵建模方法得到。假定集中质量 m_1、m_2 处于系统静平衡位置，即弹簧处于静平衡状态，集中质量 m_1、m_2 的位移等于 0。这时，系统外力与惯性力平衡。因此，假定集中质量 m_1、m_2 的加速度分别为 $\ddot{x}_1 = 1$ 与 $\ddot{x}_2 = 0$，显然，集中质量 m_1、m_2 上的所需外力分别为 $f_1 = m_{11} = m_1$ 和 $f_2 = m_{21} = 0$。同样，假定集中质量 m_1、m_2 的加速度分别为 $\ddot{x}_1 = 0$ 与 $\ddot{x}_2 = 1$，显然，集中质量 m_1、m_2 上的所需外力分别为 $f_1 = m_{12} = 0$ 和 $f_2 = m_{22} = m_2$。这样，图 3.2 所示系统的质量矩阵为

$$\boldsymbol{M} = \begin{bmatrix} m_1 & 0 \\ 0 & m_2 \end{bmatrix} \tag{3.9}$$

一般情况下，质量矩阵是对称矩阵。式（3.9）所示的质量矩阵的非对角元素为 0，表明系统是惯性解耦的。如果质量矩阵的非对角元素为 0，即 $m_{ij} = 0$（当

$i \neq j$ ），可认为系统惯性解耦。同样的方法，可以确定阻尼矩阵。对链式动力学系统，阻尼矩阵可采用视察法按类似刚度矩阵刚度影响系数的确定原则确定。

当然，可对各集中质量单独进行力平衡分析，按牛顿第二定律建立力平衡方程。读者可参考相关振动理论书籍，采用该方法完成其动力学建模。在完成图 3.2 所示系统质量矩阵、刚度矩阵的建模后，即可按系统微分方程的标准式，建立系统的动力学方程

$$\begin{bmatrix} m_1 & 0 \\ 0 & m_2 \end{bmatrix} \begin{bmatrix} \ddot{x}_1 \\ \ddot{x}_2 \end{bmatrix} + \begin{bmatrix} k_1+k_2 & -k_2 \\ -k_2 & k_2+k_3 \end{bmatrix} \begin{bmatrix} x_1 \\ x_2 \end{bmatrix} = \begin{bmatrix} f_1 \\ f_2 \end{bmatrix} \tag{3.10}$$

3.1.3 模态振动表达

对于一个多自由度离散或连续动力学系统，系统响应分布是由其内在的模态振动线性叠加而成。当系统初速度等于 0，初位移分布类同某一模态振动时的位移分布时，系统将按该振动形态振动，该振动称为模态振动。模态振动是一种简谐振动，因此，可用复数形式表示为

$$y = \Phi(d)e^{j\omega t} \tag{3.11}$$

式中，$\Phi(d)$ 为系统振型，其依赖于空间位置。对离散系统，空间位置 d 表示第 d 个集中质量；对连续系统，空间位置 d 表示其空间坐标。系统模态振动的无阻尼系统动力学微分方程（激励力列阵为 $\mathbf{0}$ 向量）为

$$M\ddot{y} + Ky = 0 \tag{3.12}$$

把式（3.11）代入该方程，整理后得到

$$(\omega^2 M - K)\Phi = 0 \tag{3.13}$$

对于特定模态振动，振型向量不为 $\mathbf{0}$。因此，求解该模态频率 ω 的等式成立，如下

$$\det(\omega^2 M - K) = 0 \tag{3.14}$$

式（3.14）称为系统特征方程。通过该等式，可求解系统固有频率或模态频率 ω_i（非负值）。每阶固有频率 ω_i 可代入式（3.13），求解其对应的模态振型向量 Φ_i。值得注意的是，式（3.13）仅能确定振型向量内部元素间的依赖关系，不能完全确定其各自由度的振动位移。因此，常选择向量的第一个元素为 1。显然，模态振型向量 Φ_i 是可以用任何尺度因子进行伸缩的，其仍然是该阶系统模态振型向量。

假定图 3.2 所示系统中，系统参数设定为 $m_1 = m$，$m_2 = \alpha m$，$k_1 = k$，$k_2 = \beta k$，$k_3 = 0$。显然，此时的动力学系统类似于无阻尼动力减振器系统。这里，我们采用各阶模态频率与子系统质量参数及刚度参数 α、β 的关系，来评估系统特性。

为此，我们确定系统频率为 $\omega_0=\sqrt{\dfrac{k}{m}}$，这是主系统的固有频率。把系统参数代入式（3.14），整理后得到（过程略）

$$\alpha\lambda^4-(\alpha+\beta+\alpha\beta)\lambda^2+\beta=0 \qquad (3.15)$$

式中，频率比 $\lambda=\omega/\omega_0$，具体为

$$\lambda_{1,2}=\frac{1}{2\alpha}(\alpha+\beta+\alpha\beta)\left(1\pm\sqrt{1-\frac{4\alpha\beta}{(\alpha+\beta+\alpha\beta)^2}}\right) \qquad (3.16)$$

式（3.16）反映了频率比与子系统质量及刚度参数的关系（图3.3）。从图3.3可以看出，子系统弹簧刚度 k_2 与质量 m_2 增加，即 α 与 β 增加，两个固有频率对应的共振点的间距增加，对应的是减振带宽可以提高。当 α 趋近于 0 时（$\beta\neq0$），系统第 1 阶固有频率等于主系统固有频率，相当于单质量-弹簧振动系统。这时，第 2 阶固有频率无穷大（仅当 $\beta=0$ 时），对应的模态为静模态（3.2 节介绍）。

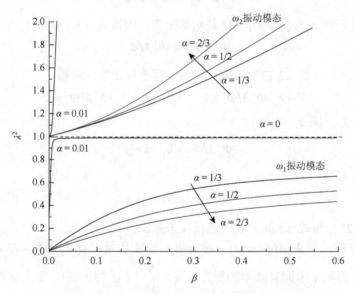

图 3.3　频率比 λ 与子系统质量及刚度参数的关系

3.2　模 态 特 性

3.2.1　模态的正交性

式（3.13）两端左乘 M^{-1}（存在，因 M 为 $n\times n$ 的矩阵，且对称正定），整理后得到

$$W\Phi_i=\lambda_i\Phi_i \qquad (3.17)$$

式中，动力矩阵 $W=M^{-1}K$，特征值 $\lambda_i=\omega_i^2$，振型矩阵 $\boldsymbol{\varPhi}=[\boldsymbol{\varPhi}_1\ \boldsymbol{\varPhi}_2\cdots\ \boldsymbol{\varPhi}_m]^{\mathrm{T}}$，$\boldsymbol{\varPhi}_i=[X_1\ X_2\cdots\ X_n]^{\mathrm{T}}$。显然，在数学上这是标准的特征值问题，系统的特征向量就是系统的主振型列阵。对于第 i、j 两个不相等特征值，分别对应第 i、j 个特征向量，必定满足式（3.17），即

$$W\boldsymbol{\varPhi}_i=\lambda_i\boldsymbol{\varPhi}_i \quad 或 \quad K\boldsymbol{\varPhi}_i=\lambda_iM\boldsymbol{\varPhi}_i \tag{3.18}$$

$$W\boldsymbol{\varPhi}_j=\lambda_j\boldsymbol{\varPhi}_j \quad 或 \quad K\boldsymbol{\varPhi}_j=\lambda_jM\boldsymbol{\varPhi}_j \tag{3.19}$$

式（3.18）两端分别左乘 $\boldsymbol{\varPhi}_j^{\mathrm{T}}$，式（3.19）两端分别左乘 $\boldsymbol{\varPhi}_i^{\mathrm{T}}$，有

$$\boldsymbol{\varPhi}_j^{\mathrm{T}}K\boldsymbol{\varPhi}_i=\lambda_i\boldsymbol{\varPhi}_j^{\mathrm{T}}M\boldsymbol{\varPhi}_i \tag{3.20}$$

$$\boldsymbol{\varPhi}_i^{\mathrm{T}}K\boldsymbol{\varPhi}_j=\lambda_j\boldsymbol{\varPhi}_i^{\mathrm{T}}M\boldsymbol{\varPhi}_j \tag{3.21}$$

对式（3.21）进行转置操作，有

$$\boldsymbol{\varPhi}_j^{\mathrm{T}}K^{\mathrm{T}}\boldsymbol{\varPhi}_i=\lambda_j\boldsymbol{\varPhi}_j^{\mathrm{T}}M^{\mathrm{T}}\boldsymbol{\varPhi}_i \tag{3.22}$$

因刚度矩阵 K 与质量矩阵 M 是对称矩阵，因而式（3.22）改写为

$$\boldsymbol{\varPhi}_j^{\mathrm{T}}K\boldsymbol{\varPhi}_i=\lambda_j\boldsymbol{\varPhi}_j^{\mathrm{T}}M\boldsymbol{\varPhi}_i \tag{3.23}$$

式（3.20）与式（3.23）相减，因其方程坐标相等，可得

$$(\lambda_i-\lambda_j)\boldsymbol{\varPhi}_j^{\mathrm{T}}M\boldsymbol{\varPhi}_i=0 \quad 或 \quad (\lambda_i-\lambda_j)\boldsymbol{\varPhi}_i^{\mathrm{T}}M\boldsymbol{\varPhi}_j=0 \tag{3.24}$$

因 $\lambda_i\neq\lambda_j$，因此，必有

$$\boldsymbol{\varPhi}_i^{\mathrm{T}}M\boldsymbol{\varPhi}_j=0,\quad i\neq j \tag{3.25}$$

同理，可得

$$\boldsymbol{\varPhi}_i^{\mathrm{T}}K\boldsymbol{\varPhi}_j=0,\quad i\neq j \tag{3.26}$$

式（3.25）与式（3.26）表明系统模态振型具有正交性。

当 $i=j$ 时，有 $\boldsymbol{\varPhi}_i^{\mathrm{T}}M\boldsymbol{\varPhi}_i=M_i$，称为第 i 阶主质量；有 $\boldsymbol{\varPhi}_i^{\mathrm{T}}K\boldsymbol{\varPhi}_i=K_i$，称为第 i 阶主刚度。而第 i 阶固有频率的平方为 $\lambda_i=\dfrac{K_i}{M_i}$（证明从略）。定义质量正则化模态矩阵如下

$$\bar{\boldsymbol{\varPhi}}=\left[\frac{1}{\sqrt{M_1}}\boldsymbol{\varPhi}_1\ \frac{1}{\sqrt{M_2}}\boldsymbol{\varPhi}_2\cdots\ \frac{1}{\sqrt{M_m}}\boldsymbol{\varPhi}_m\right] \tag{3.27}$$

用质量正则化模态矩阵对质量矩阵 M 与刚度矩阵 K 进行解耦操作，有

$$\bar{\boldsymbol{\varPhi}}^{\mathrm{T}}M\bar{\boldsymbol{\varPhi}}=\tilde{M}=I,\quad \bar{\boldsymbol{\varPhi}}^{\mathrm{T}}K\bar{\boldsymbol{\varPhi}}=\tilde{K}=\varLambda \tag{3.28}$$

式中，$\tilde{M}$ 为正则质量矩阵；I 为 n 阶单位矩阵，即主对角线元素为 1，其他为 0；$\tilde{K}$ 为正则刚度矩阵；$\varLambda$ 为对角矩阵，即对角线元素分别为各阶固有频率的平方。

当然，可以构建一个刚度正则化模态矩阵 $\tilde{\boldsymbol{\varPhi}}$，确保正则刚度矩阵［式（3.28）

为单位矩阵 $\boldsymbol{I}$，即 $\tilde{\boldsymbol{\Phi}}^{\mathrm{T}}\boldsymbol{K}\tilde{\boldsymbol{\Phi}}=\boldsymbol{I}$。但用刚度正则化模态矩阵解耦质量矩阵时，有 $\tilde{\boldsymbol{\Phi}}^{\mathrm{T}}\boldsymbol{M}\tilde{\boldsymbol{\Phi}}=\boldsymbol{\Omega}$，其中，$\boldsymbol{\Omega}$ 为对角矩阵，对角线元素为其各阶固有频率的平方的倒数。刚度正则化模态矩阵可表示为

$$\tilde{\boldsymbol{\Phi}}=\left[\frac{1}{\sqrt{K_1}}\boldsymbol{\Phi}_1 \quad \frac{1}{\sqrt{K_2}}\boldsymbol{\Phi}_2 \cdots \frac{1}{\sqrt{K_m}}\boldsymbol{\Phi}_m\right] \tag{3.29}$$

图 3.4 是汽车简化模型对应的二自由度系统，并假定为两个质量相等的质量体分别由两个等刚度弹簧支承，两个质量体用一无质量刚性杆连接。按系统静平衡位置确定坐标原点，建立如图 3.4 所示自由度 x_1 与 x_2。则一般位置系统的拉格朗日函数为

$$L=V-U=\frac{1}{2}m\dot{x}_1^2+\frac{1}{2}m\dot{x}_2^2-\frac{1}{2}kx_1^2-\frac{1}{2}kx_2^2 \tag{3.30}$$

式中，V 表示动能，U 表示势能。

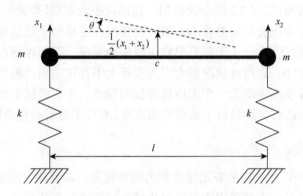

图 3.4　汽车简化模型对应的二自由度系统

由拉格朗日方程

$$\frac{\mathrm{d}}{\mathrm{d}t}\left(\frac{\partial L}{\partial \dot{x}_i}\right)-\frac{\partial L}{\partial x_i}=0, \quad i=1,2 \tag{3.31}$$

可得系统的振动微分方程为

$$\begin{bmatrix} m & 0 \\ 0 & m \end{bmatrix}\begin{bmatrix} \ddot{x}_1 \\ \ddot{x}_2 \end{bmatrix}+\begin{bmatrix} k & 0 \\ 0 & k \end{bmatrix}\begin{bmatrix} x_1 \\ x_2 \end{bmatrix}=\begin{bmatrix} 0 \\ 0 \end{bmatrix} \tag{3.32}$$

从式（3.32）可知，系统是解耦的，坐标 x_1 与 x_2 即系统的主坐标，且两个模态频率相等。因此，有无穷多个振型矩阵满足正交性条件。比如，以下两个振型矩阵均满足前述的模态振型对质量矩阵与刚度矩阵的正交性要求，即 $\boldsymbol{\Phi}_1^{\mathrm{T}}\boldsymbol{M}\boldsymbol{\Phi}_2=0$ 与 $\boldsymbol{\Phi}_1^{\mathrm{T}}\boldsymbol{K}\boldsymbol{\Phi}_2=0$。其中，振型矩阵为

$$\boldsymbol{\Phi}=\begin{bmatrix} 1 & 1 \\ 1 & -1 \end{bmatrix}\text{或}\boldsymbol{\Phi}=\begin{bmatrix} 1 & 0 \\ 0 & 1 \end{bmatrix} \tag{3.33}$$

进一步可按照模态矩阵正交性的性质，确定通用的振型矩阵表达式为

$$\boldsymbol{\Phi}=\begin{bmatrix} 1 & 1 \\ a & -\dfrac{1}{a} \end{bmatrix}$$ （3.34）

式中的模态矩阵满足 $\boldsymbol{\Phi}_1^{\mathrm{T}}\boldsymbol{M}\boldsymbol{\Phi}_2=0$ 与 $\boldsymbol{\Phi}_1^{\mathrm{T}}\boldsymbol{K}\boldsymbol{\Phi}_2=0$。

3.2.2　静模态与刚体模态

1. 静模态

与无限大模态频率对应的振动模态称为静模态。显然，系统静模态对应的模态质量为 0，即系统质量矩阵是奇异的。根据式（3.27），质量正则化模态矩阵不能用于指示静模态。以图 3.2 所示无阻尼二自由度振动系统（弹簧 k_3 排除，即 $k_3=0$）为例，存在两种情况会产生静模态。第一种情况，连接两个质量体的弹簧刚度无限大，相当于系统变为一个无阻尼单自由度振动系统；第二种情况，其中一个质量体的质量等于 0。这两种情况都会引入实际上不存在的振动模态，即静模态。通常情况下，静模态表现为一个无质量弹簧的振动。在实验模态分析领域，系统传递函数的剩余位移导纳等价于系统静模态项，对应于分析带宽范围之外的成分。

2. 刚体模态

模态频率等于 0 对应的振动模态称为刚体模态，即其模态刚度等于 0。对含有刚体模态的系统，无法采用刚度正则化模态矩阵进行系统解耦。这是因为刚体模态对应的刚度矩阵是奇异的。理论上，去掉系统中的连接弹簧，使其中的质量体悬空且处于自由无约束状态，将产生刚体模态。如图 3.2 所示系统，假设去掉弹簧 k_2 与 k_3，即 $k_2=0$，$k_3=0$，集中质量 m_2 将变为自由无约束状态，这时，将会产生刚体模态。在实验模态分析应用中，若系统中存在低弹性或柔性约束的部件，将会产生近似刚体模态（低频模态）。在有限元模态分析中，在构件或组件无约束情况时进行有限元模态分析，一般情况下，会在前 6 阶（低频近似为 0）产生刚体按各自由度运动对应的刚体模态。但对组件分析略有不同，假若组件中存在柔性连接，可能会使得第 4～6 阶的模态频率并不接近于 0。如图 3.5 所示，电梯曳引机转子铁芯线圈组件由硅钢片叠成的导磁铁芯、线圈绕组及两个端面挡片构成。其自由无约束状态下的有限元模态分析得到的刚体模态仅为第 1～3 阶（沿 x/y/z 轴的直线运动，频率接近 0），而第 4～6 阶并非刚体模态，其中，第 6 阶模态振型是由绕 x 轴的刚体的转动模态振动受到环形结构纵向振动调制而成，第 4、5 阶模态结果见图 3.6。

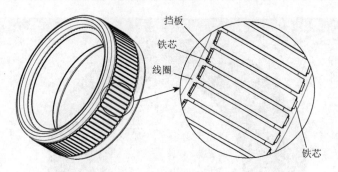

图 3.5 电梯曳引机转子铁芯线圈组件

3.2.3 模态振动的求解方法

式（3.17）给出了对称矩阵（动力矩阵 $W=M^{-1}K$）的经典矩阵特征值求解问题，因此，可求出系统的模态矩阵 $\boldsymbol{\Phi}$。这里以无阻尼振动系统为例阐述另一种求解方法，其微分方程为

$$M\ddot{x}+Kx=0 \quad \text{或} \quad \ddot{x}+M^{-1}Kx=0 \tag{3.35}$$

式中，M 为 $n\times n$ 的质量矩阵，K 为 $n\times n$ 的刚度矩阵，x 为 $1\times n$ 的位移向量。假定某一坐标为 q，并定义

$$x=M^{-\frac{1}{2}}q \tag{3.36}$$

把式（3.36）代入式（3.35），整理后得到

$$MM^{-\frac{1}{2}}\ddot{q}+KM^{-\frac{1}{2}}q=0 \tag{3.37}$$

式（3.37）左乘 $M^{-\frac{1}{2}}$，整理后得到

$$\ddot{q}+M^{-\frac{1}{2}}KM^{-\frac{1}{2}}q=0 \tag{3.38}$$

显然，可以根据对称矩阵 $M^{-\frac{1}{2}}KM^{-\frac{1}{2}}$ 的特征值问题，求坐标 q 下的模态矩阵 $\boldsymbol{\Theta}$。因此，原坐标下的模态矩阵与坐标 q 下的模态矩阵的关系为

$$\boldsymbol{\Phi}=M^{-\frac{1}{2}}\boldsymbol{\Theta} \tag{3.39}$$

把式（3.39）代入式（3.17），得到

$$P\boldsymbol{\Theta}_i=\lambda\boldsymbol{\Theta}_i \tag{3.40}$$

式中，$P=M^{-\frac{1}{2}}KM^{-\frac{1}{2}}$。显然，这是关于矩阵 $M^{-\frac{1}{2}}KM^{-\frac{1}{2}}$ 的特征值问题，其特征向量对应原坐标 q 下的第 i 阶固有频率的模态振型向量 $\boldsymbol{\Theta}_i$。因为矩阵 P 是对称的，因此，得到特征向量或模态振型向量是实且正交的。

进一步扩展到无阻尼受迫振动的求解，其一般微分方程为

$$M\ddot{x}+Kx=f(t) \tag{3.41}$$

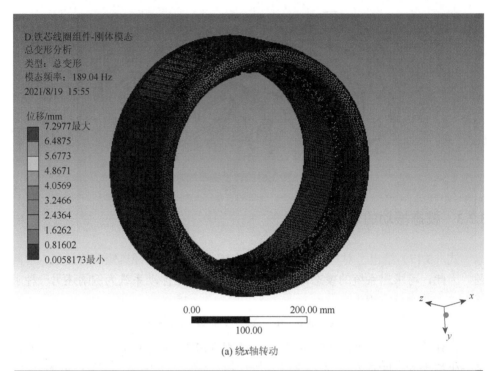

(a) 绕*x*轴转动

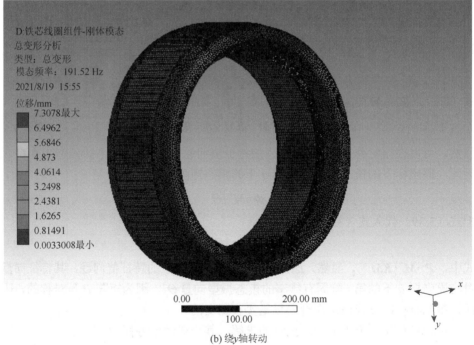

(b) 绕*y*轴转动

图 3.6　电梯曳引机转子铁芯线圈组件有限元模态分析结果（第 4、5 阶）（后附彩图）

根据模态矩阵对质量矩阵与刚度矩阵的正交性，受迫振动系统响应可表达为

$$x = \boldsymbol{\Phi} q \qquad (3.42)$$

式中，q 为模态坐标。则式（3.41）则可另改写为

$$M\boldsymbol{\Phi}\ddot{q} + K\boldsymbol{\Phi} q = f(t) \qquad (3.43)$$

式（3.43）左乘 $\boldsymbol{\Phi}^{\mathrm{T}}$，得

$$\tilde{M}\ddot{q} + \tilde{K}q = \bar{f}(t) \qquad (3.44)$$

式中，$\tilde{M}$、$\tilde{K}$ 分别为按式（3.28）得到的正则质量矩阵和正则刚度矩阵，变换后的激励力 $\bar{f}(t) = \boldsymbol{\Phi}^{\mathrm{T}} f(t)$。式（3.44）是一个解耦的动力学微分方程，各模态坐标下对应的动力学微分方程求解实际上就是一个单自由度受迫振动的响应求解问题。相应的解耦动力方程为

$$\ddot{q}_i + \omega_i^2 q_i = \bar{f}_i(t) \qquad i = 1, 2, \cdots, n \qquad (3.45)$$

式中，q_i 为模态坐标 q 在 i 方向上的位移，$\dot{q}_i$、$\ddot{q}_i$ 分别为其速度和加速度。显然，式（3.45）的全解包括给定初位移与初速度的自由振动响应和受迫振动稳态响应。按照单自由度振动理论（可参考相关振动理论书籍），其全解为

$$q_i = q_i(0)\cos\omega_i t + \frac{\dot{q}_i(0)}{\omega_i}\sin\omega_i t + \frac{1}{\omega_i}\int_0^t \bar{f}_i(\tau)\sin\omega_i(t - \tau)\mathrm{d}\tau \qquad i = 1, 2, \cdots, n \quad (3.46)$$

式中的稳态响应采用杜阿梅尔积分求得，即卷积积分完成任意激励的稳态响应求解。然后，利用式（3.42）把模态坐标响应变换到原坐标系下的响应。

假定系统阻尼是线性黏性阻尼，则有阻尼受迫振动动力学微分方程可表达如下

$$M\ddot{x} + C\dot{x} + Kx = f(t) \qquad (3.47)$$

为了应用振型矩阵解耦有阻尼受迫振动动力学微分方程，关键是保证振型矩阵对阻尼矩阵解耦。与刚度矩阵的确定方法一样，阻尼矩阵元素可按影响系数法确定。振型矩阵并不一定保证对式（3.47）中的阻尼矩阵解耦，即 $\boldsymbol{\Phi}^{\mathrm{T}} C \boldsymbol{\Phi} = \mathrm{diag}[C_1\ C_2\ \cdots\ C_n]$。这说明实际有阻尼系统的振型不是实的，即其不一定与振型矩阵（由无阻尼系统得到）对应的各阶位移振型一致，同时，结构的节点也会发生移动现象。但是，振型矩阵对质量矩阵与刚度矩阵解耦带来的系统响应求解与分析的便利性，使得寻求可以解耦的阻尼矩阵具有现实的必要性。比例阻尼（见第 1 章）或瑞利阻尼可以被振型矩阵解耦。因此，常采用比例阻尼从能量耗散等效角度代替实际系统的阻尼。

图 3.7 是一个有阻尼二自由度动力学系统。根据系统阻尼所具有的黏性阻尼或比例阻尼特性，阐述一下振型矩阵对阻尼矩阵的解耦特性。

（1）假定阻尼均为线性黏性阻尼（$c_3 = 0$）。因系统是链式系统，可用视察法快速建立系统微分方程，得到

$$M\ddot{x} + C\dot{x} + Kx = F(t) \qquad (3.48)$$

式中，质量矩阵、阻尼矩阵、刚度矩阵和激励力列阵分别为

$$\boldsymbol{M} = \begin{bmatrix} m & 0 \\ 0 & m \end{bmatrix}, \quad \boldsymbol{C} = \begin{bmatrix} c_1 + c_2 & -c_2 \\ -c_2 & c_2 \end{bmatrix}, \quad \boldsymbol{K} = \begin{bmatrix} 2k & -k \\ -k & 2k \end{bmatrix}, \quad \boldsymbol{F}(t) = \begin{bmatrix} 0 \\ f(t) \end{bmatrix}$$

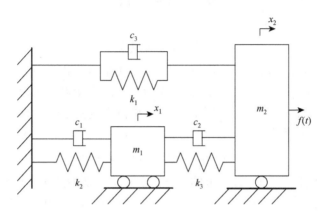

图 3.7　有阻尼二自由度动力学系统

根据式（3.14），得到系统的特征方程为

$$\begin{vmatrix} \omega^2 m - 2k & k \\ k & \omega^2 m - 2k \end{vmatrix} = 0 \tag{3.49}$$

从而得到系统特征频率为 $\omega_1 = \sqrt{k/m}$ 和 $\omega_2 = \sqrt{3k/m}$。把特征频率分别代入式（3.13），得到系统的振型矩阵

$$\boldsymbol{\Phi} = \begin{bmatrix} 1 & 1 \\ 1 & -1 \end{bmatrix} \tag{3.50}$$

用振型矩阵解耦阻尼矩阵，得到

$$\boldsymbol{\Phi}^{\mathrm{T}} \boldsymbol{C} \boldsymbol{\Phi} = \begin{bmatrix} c_1 & c_1 \\ c_1 & c_1 + 4c_2 \end{bmatrix} \tag{3.51}$$

显然，当系统阻尼为线性黏性阻尼（即使阻尼矩阵已经是对角矩阵）时，振型矩阵并不一定能保证对阻尼矩阵正交。但当 $c_1 = 0$ 时，振型矩阵对阻尼矩阵正交，可实现系统的完全动力学解耦。

（2）当 $c_1 = c_2 = c_3 = c$ 时，根据视察法，阻尼矩阵可表示为

$$\boldsymbol{C} = \begin{bmatrix} 2c & -c \\ -c & 2c \end{bmatrix} \tag{3.52}$$

显然，其与刚度矩阵具有相似性，说明其阻尼是比例阻尼，且仅含有刚度相关的阻尼项。可以证明，这时振型矩阵对阻尼矩阵正交。

（3）当 $c_1 = c_3 = c$ 和 $c_2 = 0$ 时，根据视察法，阻尼矩阵可表示为

$$C = \begin{bmatrix} c & 0 \\ 0 & c \end{bmatrix} \tag{3.53}$$

显然，其与质量矩阵具有相似性，说明其阻尼是比例阻尼，且仅含有质量相关的阻尼项。可以证明，这时振型矩阵对阻尼矩阵正交。

3.3 状态空间模态分析

3.3.1 二阶动力学系统的状态空间模型

对于式（3.47）描述的经典耦合二阶动力学系统，为转换成一阶状态空间模型

$$\dot{y} = Ay + Bu$$

式中，y 为系统状态向量，$\dot{y}$ 为 y 的一阶微分，u 为 $m \times 1$ 输入向量，A 为 $n \times n$ 系统矩阵，B 为 $n \times m$ 输入增益矩阵，定义系统状态变量 y 及输入向量 u 分别为

$$y = \begin{bmatrix} x \\ \dot{x} \end{bmatrix} \quad 和 \quad u = f(t) \tag{3.54}$$

对式（3.47）进行改写，得到

$$\ddot{x} = -M^{-1}Kx - M^{-1}C\dot{x} + M^{-1}f(t) \tag{3.55}$$

对式（3.55）整理后，得到

$$\ddot{x} = \begin{bmatrix} -M^{-1}K & M^{-1}C \end{bmatrix} \begin{bmatrix} x \\ \dot{x} \end{bmatrix} + M^{-1}f(t) \tag{3.56}$$

根据 $\dot{x} = \dot{x}$，式（3.56）进一步按照一阶状态方程形式扩展为

$$\begin{bmatrix} \dot{x} \\ \ddot{x} \end{bmatrix} = \begin{bmatrix} 0 & I \\ -M^{-1}K & M^{-1}C \end{bmatrix} \begin{bmatrix} x \\ \dot{x} \end{bmatrix} + \begin{bmatrix} 0 \\ M^{-1} \end{bmatrix} f(t) \tag{3.57}$$

因此，对照一阶状态空间方程，系统矩阵 A 与输入增益矩阵 B 分别表示为

$$A = \begin{bmatrix} 0 & I \\ -M^{-1}K & M^{-1}C \end{bmatrix} \quad 和 \quad B = \begin{bmatrix} 0 \\ M^{-1} \end{bmatrix} \tag{3.58}$$

系统输出方程为

$$x = Cy \tag{3.59}$$

式中，x 为输出向量，C 为输出矩阵。对图 3.7 所示的有阻尼二自由度受迫振动系统，若选择 x_2 为输出，则输出矩阵 $C = \begin{bmatrix} 0 & 1 & 0 & 0 \end{bmatrix}$。

3.3.2 状态空间模态求解

对 n 自由度一阶状态空间模型描述的自由度振动系统（$\boldsymbol{u}=\boldsymbol{0}$），按照控制理论，其状态微分方程的解为

$$\boldsymbol{y}=\boldsymbol{\Omega}(t)\boldsymbol{y}(0) \tag{3.60}$$

式中，$\boldsymbol{\Omega}(t)$ 为系统的基本矩阵或状态转移矩阵，可用矩阵指数函数表示

$$\boldsymbol{\Omega}(t)=\exp(\boldsymbol{A}t)=\boldsymbol{I}+\boldsymbol{A}t+\frac{\boldsymbol{A}^2t^2}{2!}+\cdots+\frac{\boldsymbol{A}^kt^k}{k!} \tag{3.61}$$

对自由度振动系统（$\boldsymbol{u}=\boldsymbol{0}$）一阶状态方程进行拉普拉斯变换，并经过整理后，有

$$\boldsymbol{Y}(s)=\left(s\boldsymbol{I}-\boldsymbol{A}\right)^{-1}\boldsymbol{y}(0) \tag{3.62}$$

式中，$\boldsymbol{\Omega}(s)=\left(s\boldsymbol{I}-\boldsymbol{A}\right)^{-1}$ 为 $\boldsymbol{\Omega}(t)=\exp(\boldsymbol{A}t)$ 的拉普拉斯变换。因此，存在以下矩阵特征值问题

$$(s\boldsymbol{I}-\boldsymbol{A})\boldsymbol{Y}=\boldsymbol{0} \tag{3.63}$$

假定系统矩阵有 n 个不相等的特征值 $\{\lambda_i\}(i\in1,2,\cdots,n)$，那么，对应的特征向量 $\boldsymbol{Y}_1,\boldsymbol{Y}_2,\cdots,\boldsymbol{Y}_n$ 线性独立，且系统的自由振动响应可以由这些特征向量叠加表达，有

$$\boldsymbol{y}(t)=\boldsymbol{Y}_1\exp(\lambda_1t)+\boldsymbol{Y}_2\exp(\lambda_2t)+\cdots+\boldsymbol{Y}_n\exp(\lambda_nt) \tag{3.64}$$

以上状态空间模态分析仅针对实特征值与特征向量有效。但实际振动系统的特征值 λ_i 与特征向量 $\boldsymbol{Y}_i$ 常常是复数，有

$$\lambda_i=\sigma_i+\mathrm{j}\omega_i \tag{3.65}$$

$$\boldsymbol{Y}_i=\boldsymbol{R}_i+\mathrm{j}\boldsymbol{I}_i \tag{3.66}$$

其复数共轭存在，有

$$\overline{\lambda}_i=\sigma_i-\mathrm{j}\omega_i \tag{3.67}$$

$$\overline{\boldsymbol{Y}}_i=\boldsymbol{R}_i-\mathrm{j}\boldsymbol{I}_i \tag{3.68}$$

考虑第 i 阶复数模态［式（3.65）～式（3.68）］对式（3.64）系统响应解的贡献，实际为

$$\boldsymbol{Y}_i=(\boldsymbol{R}_i\cos\omega_it-\boldsymbol{I}_i\sin\omega_it)2\exp(\sigma_it) \tag{3.69}$$

因此，振动系统的响应可以表示为

$$\boldsymbol{x}=\boldsymbol{O}(\boldsymbol{R}_i\cos\omega_it-\boldsymbol{I}_i\sin\omega_it)2\exp(\sigma_it) \tag{3.70}$$

式中，$\boldsymbol{O}$ 是系统输出矩阵。振动系统响应可以进一步表示为

$$\boldsymbol{x}=\boldsymbol{S}_i\sin(\omega_it+\phi_i)\exp(\sigma_it) \tag{3.71}$$

式中，$\boldsymbol{S}_i$ 表示有阻尼系统与第 i 阶有阻尼固有频率 ω_i 相对的第 i 阶模态振型。式（3.71）还表明当通过平衡状态时，各阶模态振动的初相位为由 ϕ_i 决定。而对无阻尼振动系统，当系统振动通过平衡位置时，各阶模态振动的初相位均为 0。

3.4 本 章 小 结

模态分析是分析复杂机械振动、进行机器动态设计的重要理论工具，也是进行实验模态分析的理论基础，本章针对振动系统的模态表达、模态特性及状态空间模态分析进行了阐述。本章通过阐述自由度的概念、动力学参数（质量矩阵、刚度矩阵、阻尼矩阵）建模，引入了多自由度振动系统的模态表达方法。通过理论推导，阐述了模态振型的正交性，并引入了质量正则化模态矩阵及刚度正则化模态矩阵；同时，简要阐述了振动系统中的静模态与刚体模态的概念。举例论述了基于模态响应的振动系统响应求解方法，特别是强调了振型矩阵对比例阻尼矩阵具有正交性，而阻尼矩阵与质量矩阵和刚度矩阵的相似性有助于判断阻尼矩阵是否可以用振型矩阵解耦。通过引入状态空间模态分析方法，阐述了有阻尼系统模态振动的振型与相位特征。读者应进一步阅读其他相关振动理论书籍，特别是有关模态分析部分的内容，理解本章重点引入的模态分析理论，为后续实验模态分析与振动测试技术的学习打下理论基础。

参 考 文 献

多尔夫，毕晓普，2011. 现代控制系统：第十一版[M]. 谢红卫，孙志强，宫二玲，等，译. 北京：电子工业出版社.

赵玫，周海亭，陈光冶，等，2004. 机械振动与噪声学[M]. 北京：科学出版社.

de Silva C W，2000. Vibration：Fundamentals and practice[M]. Boca Raton：CRC Press.

Schmitz T L，Smith K S，2021. Mechanical vibrations：Modeling and measurement[M]. 2nd ed. Cham：Springer International Publishing.

第 4 章　典型振动信号分析

机电设备动态设计、系统辨识及其运行状态监测等应用领域都需要振动信号分析技术的支持。机电设备实验模态分析需要完成振动频率响应函数的测量。机电设备传动齿轮、轴承的状态监测，需要完成振动信号的有效值、均值、峭度值等时域信号分析，以及傅里叶频谱、功率谱等频域信号分析。这些数字信号分析的重要数学基础是傅里叶变换或傅里叶分析方法。除了以傅里叶变换为基础的经典信号分析技术外，还有小波变换、经验模式分解法（empirical mode decomposition，EMD）等现代信号分析技术。本章仅论述典型振动信号分析技术，包括时域信号分析中的典型统计分析方法，频域信号分析中的傅里叶积分变换、傅里叶级数展开、离散傅里叶变换等典型分析方法，以及随机信号分析。实际上，这些典型振动信号分析技术是工程振动分析的常用方法，也是学习本书振动测试实践部分的基础知识。

4.1　时域信号分析

振动信号可分类为确定性振动信号和随机振动信号。但实际设备的振动信号或多或少都具有随机信号的特征。因此，对振动信号的分析，须采用时域信号分析的方法。振动信号的时域信号分析是指对机电设备的时间序列振动信号时域统计指标参数的估计或计算，通过监测这些时域统计指标，即可对设备的运行状态进行准确判断。

4.1.1　振动信号的表示

周期振动信号可表示为

$$x(t) = x(t + nT) \qquad n = 1, 2, \cdots, N \qquad (4.1)$$

式（4.1）表明系统每经过 T 时间后，将发生重复运动。显然，这种运动为周期运动，其对应的振动信号为周期振动信号，周期为 T。简谐振动是一种特殊的周期振动，其振动信号可用正弦或余弦函数表示如下

$$x(t) = A\cos\left(\frac{2\pi}{T}t + \varphi\right) = \cos(\omega t + \varphi) \qquad (4.2)$$

式中，A 为振幅，T 为振动周期，φ 为初相位，$\omega = 2\pi f$ 为角频率，而 $f = 1/T$ 为简谐振动频率。

简谐振动也可用复数表示。由图 4.1（b），有 $x = A\cos(\omega t + \varphi)$，其对应旋转矢量的复数可表示为

$$Z = A\big[\cos(\omega t + \varphi) + \mathrm{i}\sin(\omega t + \varphi)\big] \tag{4.3}$$

根据欧拉公式 $\mathrm{e}^{\mathrm{i}\theta} = \cos\theta + \mathrm{i}\sin\theta$，则上式可改写成 $Z = A\mathrm{e}^{\mathrm{i}(\omega t + \varphi)}$。显然，图 4.1（b）的 y 轴对应实轴，x 轴对应虚轴。实际的振动信号可以取复数 Z 的实部得到。

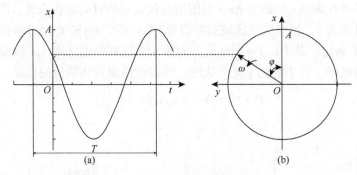

4.1　简谐振动的复数表示

实际的振动信号常常表现为稳态的，即其统计特性，如均值、均方值恒定。但是，由简谐振动引出的频率含义，瞬态振动信号或非简谐振动信号无法直接使用。因此，对于零均值振动加速度信号（即其直流信号为零）（图 4.2），定义 a_p 为所采样的零均值振动信号的最大峰值，周期 T_p 为零均值振动信号相邻峰值的时间间隔（相邻峰值间有两个过零点），T_S 为振动信号峰值大于 $a_p/2$ 的强振动信号的时间跨度，N_z 为强振动信号时间跨度 T_S 的过零点数目，T_e 为分析终止时间。这样，可以初步估计瞬时频率为 $1/T_p$。

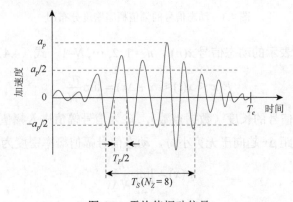

图 4.2　零均值振动信号

4.1.2　信号幅度的概率密度表征

把振动位移或加速度等动态信号变量假定为随机变量，则其幅值概率表示振动信号某一瞬时幅值出现时的概率。动态信号幅值的概率密度指单位幅值区间内的概率，是动态信号幅值的函数。

图 4.3 是具有近似正态分布的动态信号的幅值概率密度分布图。图中信号 $x(t)$ 曲线与两条平行虚线（间距为 Δx）包围的曲线轨迹的时间累积为 T_x，而动态信号的总观察时间为 T，则对应窄区域动态信号 $\{x(t) \mid x < x(t) \leqslant x + \Delta x\}$ 幅值的概率可用比值 T_x/T 确定，其中，$T_x = \sum \Delta t_i$，t_i 为第 i 个落在幅值区间（$x, x+\Delta x$）的信号轮廓时间轴投影。当 T 趋向于无穷大时，该比值将逼近该幅值的概率

$$P(x < x(t) \leqslant x + \Delta x) = \lim_{T \to \infty} \frac{T_x}{T} \tag{4.4}$$

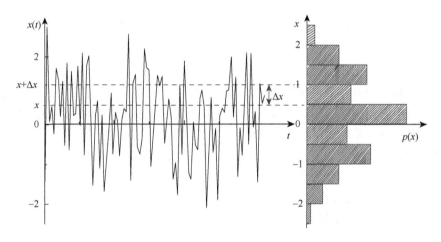

图 4.3　动态信号的幅值概率密度分布图

对离散时间序列表示的动态信号 $x(n)$，$n = 1, 2, \cdots, N-1$，式（4.4）可表示为

$$P(x < x(t) \leqslant x + \Delta x) = \lim_{N \to \infty} \frac{n_x}{N} \tag{4.5}$$

式中，N 为动态信号的长度（数据点数），n_x 为信号幅值进入幅值区间（$x, x+\Delta x$）的总次数。当间距 Δx 趋向于无穷小时，动态信号幅值概率密度为

$$p(x) = \lim_{\substack{\Delta x \to 0 \\ N \to \infty}} \frac{n_x}{N\Delta x} \tag{4.6}$$

动态信号的幅值概率密度可以用来评估机电设备的运行状态。例如，机电设

备正常状态的噪声动态信号反映的是无规则、小能量激励的随机冲击引起的噪声，其幅值的概率密度分布比较集中，常呈正态分布。但当机械系统磨损或出现故障时，随机噪声中将含有周期冲击振动引起的噪声，同时噪声功率也会增加，这些效应将使得其辐射的噪声幅值概率密度与正常状态下的正态分布明显不同。因此，可以通过噪声动态信号的幅值概率密度分布判断机电设备新旧状态。

4.1.3　均值与方差

当动态测试系统允许直流信号与交流信号采集时，所采集的振动信号包括直流信号与动态信号。为了去除信号中的直流信号，需要计算信号的均值，即信号波动的中心。该均值 μ_x 是指信号幅值的算术平均值，可通过式（4.7）计算得到。

$$\mu_x = \lim_{T \to \infty} \frac{1}{T} \int_0^T x(t)\mathrm{d}t = \int_{-\infty}^{\infty} x p(x)\mathrm{d}x \qquad (4.7)$$

式中，T 为信号观察或测量时间。对离散信号，其均值为

$$\tilde{\mu}_x = \frac{1}{N} \sum_{n=0}^{N-1} x_n \qquad (4.8)$$

当 N 很大时，为避免计算机计算溢出，可采用迭代计算方法，建立均值的迭代计算公式，如式（4.9）所示。

$$\tilde{\mu}_{x,m+1} = \frac{m}{m+1} \tilde{\mu}_{x,m} + \frac{1}{m+1} x(m+1) \qquad (4.9)$$

通常情况下，我们是对振动信号中扣除均值的动态信号进行统计分析。信号方差 σ_x^2 是反映信号中的动态分量，其解析表达式为

$$\sigma_x^2 = \lim_{T \to \infty} \frac{1}{T} \int_0^T \left[x(t) - \mu_x \right]^2 \mathrm{d}t \qquad (4.10)$$

对于离散时间序列，信号方差表示为

$$\tilde{\sigma}_x^2 = \frac{1}{N} \sum_{n=0}^{N-1} \left[x(n) - \tilde{\mu}_x \right]^2 \qquad (4.11)$$

与之对应的标准差为 $|\tilde{\sigma}_x|$。

4.1.4　均方值与均方根值

信号的均方值反映信号相对于零值的波动情况，可表示为

$$\psi_x^2 = \lim_{T \to \infty} \frac{1}{T} \int_0^T x^2(t)\mathrm{d}t \qquad (4.12)$$

对离散时间序列信号，均方值表示为

$$\tilde{\psi}_x^2 = \frac{1}{N} \sum_{n=0}^{N-1} x^2(n) \tag{4.13}$$

均方值的正平方根即均方根值 $X_{\mathrm{rms}} = |\psi_x|$。其离散化的均方根值 $\tilde{X}_{\mathrm{rms}} = |\tilde{\psi}_x|$。

如果振动信号的均值为零，则均方值等于方差。若振动信号的均值不等于零，则有

$$\tilde{\psi}_x^2 = \tilde{\sigma}_x^2 + \tilde{\mu}_x^2 \tag{4.14}$$

均方值与均方根值都是表征信号强度的统计指标，其中，均方值与信号幅值的平方相关，而幅值平方具有能量的含义，因此，均方值表示单位时间内的平均功率，是信号功率的统计指标。对振动信号来说，常用振动速度的均方值表示振动的烈度，是机电设备振动强度的常用统计指标。

4.1.5 偏斜度与峭度

信号的偏斜度指标 α 与峭度指标 β 常用来检验动态信号偏离正态分布的程度。定义偏斜度为

$$\alpha = \lim_{T \to \infty} \frac{1}{T} \int_0^T x^3(t) \mathrm{d}x = \int_{-\infty}^{\infty} x^3 p(x) \mathrm{d}x \tag{4.15}$$

针对时间序列信号的偏斜度表达为

$$\tilde{\alpha} = \frac{1}{N} \sum_{n=0}^{N-1} x^3(n) \tag{4.16}$$

定义峭度为

$$\beta = \lim_{T \to \infty} \frac{1}{T} \int_0^T x^4(t) \mathrm{d}x = \int_{-\infty}^{\infty} x^4 p(x) \mathrm{d}x \tag{4.17}$$

式（4.17）离散化后为

$$\tilde{\beta} = \frac{1}{N} \sum_{n=0}^{N-1} x^4(n) \tag{4.18}$$

偏斜度反映信号概率密度分布的中心不对称度，其不对称度越大，信号偏斜度越大。峭度反映信号概率密度函数峰顶的凸平度，当信号大幅值出现的概率增加时，信号峭度将迅速增大，常用于检测信号中的脉冲信息。如滚动轴承部件出现故障时（如滚道出现裂纹等），将引起冲击振动，振动信号中存在相当大的冲击脉冲，这时，用峭度指标即可有效检测轴承状态。峭度指标常用于部件早期故障的诊断，随着部件状态持续恶化，该指标敏感度下降。

4.1.6 自相关与互相关

相关分析用来分析两个随机变量之间的关系，包括两个动态信号或一个动态

信号在一定时移前后之间的关系。相关分析分为自相关分析和互相关分析。

两个随机变量 x 和 y 之间的相关程度常用相关系数表示

$$\rho_{xy} = \frac{E\left[(x - \mu_x)(y - \mu_y)\right]}{\sigma_x \sigma_y} \tag{4.19}$$

式中，E 为数学期望；μ_x、μ_y 分别为随机变量 x、y 的均值，$\mu_x = E[x]$，$\mu_y = E[y]$；σ_x、σ_y 分别为随机变量的标准差，$\sigma_x = E[(x - \mu_x)^2]$，$\sigma_y = E[(x - \mu_y)^2]$。

设振动信号 $x(t)$ 是各态历经随机过程的一个样本记录，$x(t+\tau)$ 为 $x(t)$ 时移 τ 后的样本记录，该信号在不同时刻的样本记录具有相同的均值与标准差。根据式（4.19），该信号的自相关系数 $\rho_{xx}(\tau)$ 可表示为

$$\rho_{xx}(\tau) = \frac{\lim_{T \to \infty} \frac{1}{T} \int_0^T \left[x(t) - \mu_x\right]\left[x(t+\tau) - \mu_x\right]\mathrm{d}t}{\sigma_x^2}$$

$$= \frac{\lim_{T \to \infty} \frac{1}{T} \int_0^T x(t)x(t+\tau)\mathrm{d}t - \mu_x^2}{\sigma_x^2} \tag{4.20}$$

对各态历经随机信号 $x(t)$，定义自相关函数 $R_{xx}(\tau)$ 为

$$R_{xx}(\tau) = \lim_{T \to \infty} \frac{1}{T} \int_0^T x(t)x(t+\tau)\mathrm{d}t \tag{4.21}$$

则式（4.20）可整理为

$$\rho_{xx}(\tau) = \frac{R_{xx}(\tau) - \mu_x^2}{\sigma_x^2} \tag{4.22}$$

对离散时间序列信号 $x(n)$，自相关函数可表示为

$$\tilde{R}_{xx}(n\Delta t) = \frac{1}{N-n} \sum_{i=0}^{N-n} x(t_i)x(t_i + n\Delta t) \tag{4.23}$$

式中，N 为离散时间序列信号长度或数据点数，n 为时延序号。

正常运行状态下的机器振动或噪声一般是大量的、无规则的随机扰动的结果，表现为较宽且随机的频谱；但当机器处于非正常状态（如故障）时，随机信号中会出现周期性的脉冲，且其幅值超过随机信号本身。利用该特点，可以用来诊断轴承内外圈磨损、滚道剥蚀，齿轮齿面磨损、切削颤振等。图 4.4 是轴承存在外圈故障时振动信号的自相关分析。根据图 4.4（a），无法从原始振动信号直接看出明显的异常特征，但观察振动自相关系数［图 4.4（c）］，发现存在明显的周期为 0.012 41 s 的节拍脉冲，这表明振动信号中存在该周期的冲击振动。实际上，该周期冲击振动对应的是轴承外圈特征频率（80.6 Hz）的节拍振动。

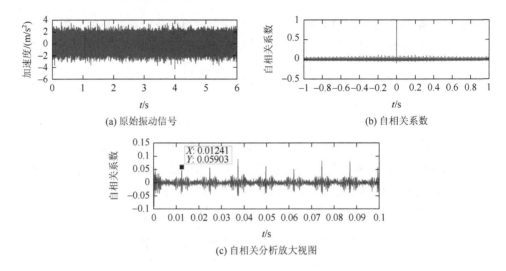

(a) 原始振动信号　　　　　　　　　　　　　　(b) 自相关系数

(c) 自相关分析放大视图

图 4.4　轴承外圈故障振动信号自相关分析

互相关分析与自相关分析不同，它是分析两个不同信号的相互依赖关系或相似性。对各态历经随机信号 $x(t)$ 和 $y(t)$ 的互相关函数 $R_{xy}(\tau)$，可定义为

$$R_{xy}(\tau) = \lim_{T \to \infty} \frac{1}{T} \int_0^T x(t)y(t+\tau)\mathrm{d}t \qquad (4.24)$$

对离散时间序列信号，互相关函数可表示为

$$R_{xy}(n\Delta t) = \frac{1}{N-n} \sum_{i=0}^{N-n} x(t_i)y(t_i+n\Delta t) \qquad (4.25)$$

如果 $x(t)$ 和 $y(t)$ 两个信号含有相同频率的周期成分，那么，互相关函数会出现该频率对应的周期成分。互相关函数具有如下性质。

（1）互相关函数为非奇非偶函数，具有反对称性质，即 $R_{xy}(\tau) = R_{yx}(-\tau)$。

（2）互相关函数的峰值不一定在 $\tau=0$ 处。

（3）两个相同频率的周期信号，其互相关函数也是同频率的周期信号，同时还保留了原信号的幅值和相位信息。

对一个线性系统，激励信号与响应信号的频率成分具有关联性，即激励信号的频率成分在响应信号中是存在的。因此，通过对激励信号与响应信号进行互相关分析，就可以得到由激励引起响应的幅值和相位差，从而排除噪声的影响。这种利用相关分析原理来消除信号中的噪声干扰、提取有用信息的方法称为相关滤波。图 4.5（a）是采用 30 Hz 简谐激励结构得到的激励信号与响应信号。图 4.5（b）是对激励信号与响应信号进行互相关分析的结果，显然，互相关函数对 30 Hz 的信号成分进行了提取，但不是 30 Hz 的简谐振动信号，这是因为激励信号只有一段时间是简谐信号。

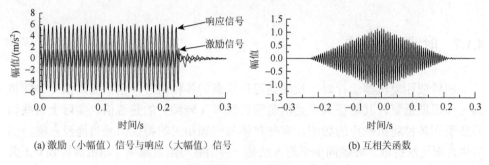

(a) 激励（小幅值）信号与响应（大幅值）信号　　　　　　　(b) 互相关函数

图 4.5　激励信号-响应信号的互相关分析

也可以利用互相关分析进行缺陷定位。图 4.6 是两个不同位置的传感器信号 s_1 和 s_2，从互相关函数可以得到两个信号存在时间延迟 0.35 s（相关函数最大分值对应的延迟时间）。这时，根据延迟时间、传感器位置和信号在结构中的传输速度，就可以确定缺陷在结构中的位置。

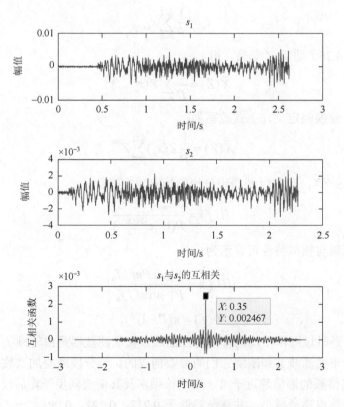

图 4.6　传感器信号的互相关分析

4.1.7 时域同步平均

回转或往复机器运行时，反映其运行状态的各种信号（包括振动信号）随机器工作周期重复，其特征频率是机器回转频率（转频）的整数倍。实际上这些信号还受到各种随机噪声的影响，有些时候与转频相关的特征信号被淹没在噪声信号中，而无法提取。时域同步平均方法是一种消除与给定频率（如机器转频）无关的干扰噪声，从而提取周期性信号的方法，也称为相干检波。其基本过程是通过摄入动态信号与时标脉冲信号，并以时标脉冲信号建立的周期为间隔截取信号，然后将所截取的信号叠加后平均，这样可以消除信号中的非周期分量与随机噪声成分。

设 $x(t)$ 为回转机械运行中产生的动态信号，对应的离散信号为 $x_n = x(n\Delta t)$，Δt 为采样时间间隔。按回转周期 $1/f_0$ 将信号 x_n 分为 P 段，各段采样点数为 N。则时域同步平均信号为

$$\bar{x}_n = \frac{1}{P}\sum_{P=0}^{P-1} x_{n+PN} \tag{4.26}$$

对式（4.26）进行 Z 变换，得

$$\bar{X}(Z) = \frac{1}{P}\sum_{P=0}^{P-1} Z(x_{n+PN}) \tag{4.27}$$

根据 Z 变换的定义，上式改写为

$$\bar{X}(Z) = \frac{1}{P} Z(x_n)\sum_{P=0}^{P-1} Z^{PN} \tag{4.28}$$

令 $Z = \mathrm{e}^{\mathrm{j}2\pi f \Delta t}$，可得时域同步平均的频率响应函数

$$H(f) = \frac{1 - \mathrm{e}^{\mathrm{j}2\pi f \Delta t PN}}{P(1 - \mathrm{e}^{\mathrm{j}2\pi f \Delta t N})} \tag{4.29}$$

则其幅频与相频特性可表示为

$$|H(f)| = \frac{1}{P}\left|\frac{\sin P\pi f/f_0}{\sin \pi f/f_0}\right| \tag{4.30}$$

$$\Phi(f) = \pi(P-1)/f_0 \tag{4.31}$$

图 4.7 是时域同步平均的幅频特性曲线。梳状滤波器是由转频 f_0 及其倍频为中心的窄带带通滤波器和围绕它们的旁瓣构成的。当分段或叠加次数 P 增加时，转频 f_0 及其倍频的幅值趋近于 1，表明该频率及其谐波同步平均后没有衰减；同时，旁瓣系数也逐渐减小，并逐渐趋近于 0.212，0.127，0.091，…。因此，时域同步平均能够有效地提取与转频 f_0 相关的周期信号，滤除噪声和其他非相关信号。但是，机器实际运转时转速会波动，时标脉冲信号的周期也会随之变化，常

规采样不能保证各数据段采样点数一致。解决的方法是采用频率跟踪技术，使得实际的采样频率实时跟踪转频，并等于其整数倍。除了硬件方案实现频率实时跟踪外，可通过重采样，以时标脉冲信号频率为基准，实现各段数据的重整。

当没有时标脉冲信号时，各数据段存在截断误差，并会对平均结果造成影响。为此，需以感兴趣频率及其谐波为目标，确定截断周期 T。这样，截断误差 $|\Delta T| \leqslant \Delta t / 2$。按照感兴趣频率及其倍频的信号衰减因子不小于 $\sqrt{2}/2$，确定平均段数 P，来确保较好的时域同步平均效果。

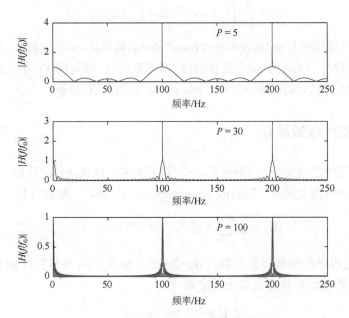

图 4.7　时域同步平均的幅频特性曲线

4.2　频域信号分析

频谱是信号在频域上的重要表达方式，它反映了信号的频率成分与分布。傅里叶变换是频域信号表达的理论基础。有三种傅里叶变换方法：傅里叶积分变换、傅里叶级数展开和离散傅里叶变换。傅里叶积分变换针对一般信号，傅里叶级数展开针对周期信号，离散傅里叶变换针对离散信号。

4.2.1　傅里叶积分变换

非周期信号 $x(t)$ 的傅里叶频谱可由以下傅里叶积分变换（Fourier integral transform，FIT）得到

$$X(\omega) = \int_{-\infty}^{\infty} x(t) e^{-j\omega t} dt = \int_{-\infty}^{\infty} x(t) e^{-2j\pi f t} dt \qquad (4.32)$$

式中，$j = \sqrt{-1}$；ω 为角频率，$\omega = 2\pi f$；f 为频率（单位为 Hz）。对式（4.32）用 $e^{j\omega \tau}$ 沿 ω 进行卷积操作，根据基函数 $e^{j\omega t}$ 的正交性，有

$$\int_{-\infty}^{\infty} e^{[j\omega(t-\tau)]} dt = \delta(t-\tau) \qquad (4.33)$$

这样，傅里叶积分逆变换可表示为

$$x(t) = \frac{1}{2\pi} \int_{-\infty}^{\infty} X(\omega) e^{j\omega t} d\omega = \int_{-\infty}^{\infty} X(f) e^{2j\pi f t} df \qquad (4.34)$$

显然，非周期信号 $x(t)$ 是由谐波 $X(\omega) e^{j\omega t} d\omega$ 沿频率从 $-\infty$ 连续到 ∞，通过积分叠加得到的。因此，$X(\omega)$ 为 $x(t)$ 的连续频谱，且是复函数，可写成 $X(\omega) = |X(\omega)| e^{j\phi(\omega)}$，其中，$|X(\omega)|$ 为信号的连续幅值谱，$\phi(\omega)$ 为信号的连续相位谱。

4.2.2　傅里叶级数展开

根据傅里叶级数理论，周期信号 $x(t)$ 可展开为若干简谐信号的叠加，按复指数函数形式的傅里叶级数展开（Fourier series expansion，FSE）表示如下

$$x(t) = \frac{1}{T} \sum_{n=-\infty}^{\infty} A_n e^{jn\omega_0 t} \qquad n = 0, \pm 1, \cdots, \pm N \qquad (4.35)$$

式中，A_n 为傅里叶级数展开系数，$\omega_0 = 2\pi/T$。显然，A_n 与傅里叶频谱有同样尺度。同样，指数函数基存在以下正交条件

$$\frac{1}{T} \int_0^T e^{[j2\pi(n-m)t/T]} dt = \delta_{mn} \qquad (4.36)$$

式中，δ_{mn} 为狄拉克函数，其定义为

$$\delta_{mn} = \begin{cases} 1, & m = n \\ 0, & m \neq n \end{cases} \qquad (4.37)$$

若 $x(t)$ 的基本周期为 T，根据式（4.36）正交条件，A_n 的表达式为

$$A_n = \int_0^T x(t) e^{-jn\omega_0 t} dt \qquad (4.38)$$

显然，傅里叶级数展开是傅里叶积分变换的特殊形式，可以认为周期信号 $x(t)$ 的傅里叶频谱是由等谱间距（$\Delta F = 1/T$）傅里叶频谱叠加的，即

$$X(f) = \Delta F \sum_{n=-\infty}^{\infty} A_n \delta(f - n\Delta F) \qquad (4.39)$$

显然，周期信号的傅里叶频谱为离散频谱，各谱线频率与基频是倍频关系。

4.2.3　离散傅里叶变换

实际的采样信号均为有限长度的离散序列表示的信号，即 $x_m = [x_0, x_1, \cdots, x_{N-1}]$，采样长度为 N，各采样点的时间间隔为 ΔT，总采样时间长度为 $T=N\Delta T$。该离散信号对应的离散傅里叶变换（discrete Fourier transform，DFT）为

$$X_n = \Delta T \sum_{m=0}^{N-1} x_m \mathrm{e}^{-\mathrm{j}2\pi mn/N} \qquad n = 0,1,\cdots,N-1 \qquad (4.40)$$

式中，$X_n = \{X_0, X_1, \cdots, X_{N-1}\}$，其频率间隔为 $1/\Delta T$。同样，存在以下正交条件

$$\frac{1}{N}\sum_{n=0}^{N-1} \mathrm{e}^{\mathrm{j}2\pi n(r-m)/N} = \delta_{rm} \qquad (4.41)$$

利用该正交条件，可得离散傅里叶逆变换为

$$x_m = \Delta F \sum_{n=0}^{N-1} X_n \mathrm{e}^{\mathrm{j}2\pi mn/N} \qquad (4.42)$$

4.2.4　三种傅里叶变换的关系

数字化实现傅里叶变换的主要目的是获取傅里叶积分变换的离散估计。似乎可以认为离散傅里叶变换（DFT）是傅里叶积分变换（FIT）结果的离散化提取，但实际上不完全是这样。如果 $X(f)$ 是信号 $x(t)$ 的傅里叶积分变换，其离散抽样结果 $X(n\Delta F)$ 严格等于 $x(t)$ 的采样信号 $x(m\Delta T)$，它们之间只是近似关系。表 4.1 给出了离散傅里叶变换与傅里叶积分变换、傅里叶级数展开之间的关系。图 4.8 给出了离散傅里叶变换与傅里叶积分变换的关系及其频率混叠现象。频率混叠将使得高于频率 f_c [$f_c = 1/(2\Delta T)$]的频谱以 f_c 为中心，折叠到 $[0, F/2]$ 带宽。显然，频率混叠现象解释了离散傅里叶变换只是傅里叶积分变换的近似。从图4.8（c）可以看出，当采样周期 ΔT 减小或采样频率 F 增加时，在频率范围 $[0, F/2]$，$\tilde{X}(f)$ 将逐渐逼近 $X(f)$。同时，因 $\tilde{X}(f)$ 的周期性特征，其 $[F/2, F]$ 频段的频谱值为 $X(f)$ 在 $[-F/2, 0]$ 频段频谱的逼近值。

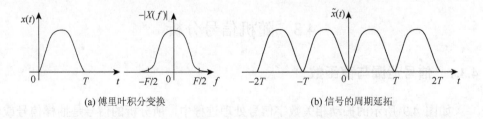

(a) 傅里叶积分变换　　　　　　　　　　　　(b) 信号的周期延拓

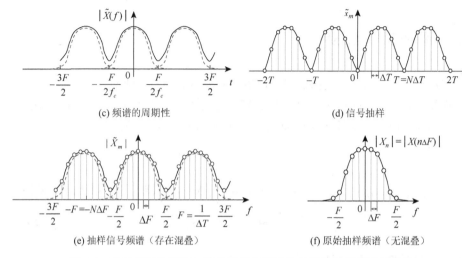

图 4.8　离散傅里叶变换与傅里叶积分变换的关系及其频率混叠现象

　　为了避免频率混叠，首先，信号的采样频率需要满足香农采样定理，即信号的采样频率应大于等于信号最高频率的 2 倍，该极限频率 f_c 称为奈奎斯特频率。为了避免采样频率过高，常常应用采样抗混滤波，保留信号中感兴趣的最高频率。然后，根据信号最高频率，按香农采样定理，确定信号的实际采样频率。这样，实际的极限频率应选择为 $f_c/1.28$，可避免奈奎斯特频率的 20%范围内的频率混叠影响。因此，须按抗混滤波后信号最高频率的 2.56 倍确定采样频率，即采样频率定为 $2.56 f_c$。

表 4.1　离散傅里叶变换与傅里叶积分变换、傅里叶级数展开之间的关系

特性	DFT 与 FIT	DFT 与 FSE
傅里叶变换	$x(t) \xrightarrow{\text{FIT}} X(f)$	$x(t) \xrightarrow{\text{FSE}} \{A_n\}$
信号与频谱的离散	$\tilde{x}(t) = \sum\limits_{k=-\infty}^{\infty} x(t+kT)$ $\tilde{X}(f) = \sum\limits_{k=-\infty}^{\infty} X(f+kF)$	$\tilde{A}_n = \sum\limits_{k=-\infty}^{\infty} A_{n+kN}$
离散近似	$\tilde{x}_m = \tilde{x}(m\Delta T), \quad \tilde{X}_n = \tilde{X}(n\Delta F)$ $F = 1/\Delta T, \quad T = 1/\Delta F$	$x_m = x(m\Delta T)$ $N = T/\Delta T$

4.3　随机信号分析

4.3.1　信号泄漏与窗函数

　　如图 4.9 所示的振动相关数字信号处理过程中，所分析的信号是抽样信号或

离散采样信号，且仅截取一段离散信号数据。因此，数字信号处理的数据是在时域或频域截取的一段离散信号。以矩形窗函数 $b(t)$ 对时域信号进行截取，然后进行离散傅里叶变换，即该操作等价于矩形窗函数与原信号在频域进行卷积操作 $[X(f)*B(f)]$。所得频谱将产生纹波，造成谱误差 $[X(f)-X(f)*B(f)]$，该误差称为信号泄漏。造成信号泄漏的本质原因是，对采样信号进行周期延拓后的重构信号进行傅里叶变换。而周期延拓重构信号不连续，即所重构的信号常常在重构分段点产生信号断裂，因此，产生信号泄漏，如图 4.10 所示。

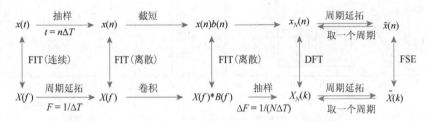

图 4.9　DFT 对连续信号分析的过程

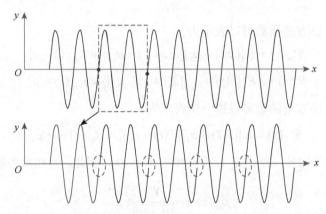

图 4.10　正弦信号非整周期截取与周期延拓后引起的信号断裂

当采用矩形窗函数截取信号时，会引起信号泄漏，产生能量扩散或频谱旁瓣。这时，为抑制信号泄漏，需要修整窗函数形状。常采用的窗函数包括汉宁（Hanning）窗、汉明（Hamming）窗、凯泽窗和高斯窗等。图 4.11 是几种常用窗函数的时域与频域特性对比。

4.3.2　相干与谱密度

对于具有统计独立特性的采样周期延拓后的信号 $\tilde{x}(t)$ 和 $\tilde{y}(t)$，其数学期望有

$$E\left[\tilde{x}(t_1)\tilde{y}(t_2)\right] = E\left[\tilde{x}(t_1)\right]E\left[\tilde{y}(t_2)\right] \tag{4.43}$$

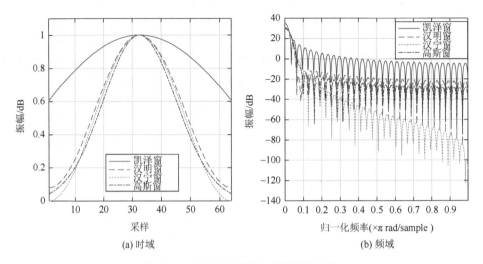

(a) 时域　　　　　　　　　　　　　　　　(b) 频域

图 4.11　窗函数的时域与频域特性对比

信号的自协方差函数可以表示为

$$\Psi_{xx}(\tau) = E\left\{[\tilde{x}(t)-\mu_x][\tilde{x}(t+\tau)-\mu_x]\right\} = R_{xx}(\tau) - \mu_x^2 \tag{4.44}$$

$$\Psi_{yy}(\tau) = E\left\{[\tilde{x}(t)-\mu_y][\tilde{x}(t+\tau)-\mu_y]\right\} = R_{yy}(\tau) - \mu_y^2 \tag{4.45}$$

信号的互协方差函数可以进一步表示为

$$\Psi_{xy}(\tau) = E\left\{[\tilde{x}(t)-\mu_x][\tilde{y}(t)-\mu_y]\right\} = R_{xy}(\tau) - \mu_x\mu_y \tag{4.46}$$

对于两个非相关信号，存在 $R_{xy}(\tau)=0$ 和 $\Psi_{xy}(\tau)=0$。因此，互相关系数可以表示为

$$\rho_{xy}(\tau) = \frac{\Psi_{xy}(\tau)}{\sqrt{\Psi_{xx}(0)\Psi_{yy}(0)}} \tag{4.47}$$

对于两个非相关信号，存在 $\rho_{xy}(\tau)=0$。基于平稳随机信号的自功率谱密度函数和互功率谱密度函数，可得到相干函数的定义如下

$$\gamma_{xy}^2(f) = \frac{\left|\Phi_{xy}(f)\right|^2}{\Phi_{xx}(f)\Phi_{yy}(f)} \tag{4.48}$$

式中，$0 \leqslant \gamma_{xy}^2(f) \leqslant 1$，$\Phi_{xx}(f)$、$\Phi_{yy}(f)$ 和 $\Phi_{xy}(f)$ 分别信号为 $\tilde{x}(t)$ 和 $\tilde{y}(t)$ 的自功率谱密度函数与互功率谱密度函数。互相关函数 $R_{xy}(\tau)$ 的傅里叶积分变换（FIT）就是互功率谱密度函数 $\Phi_{xy}(f)$。同样，自相关函数 $R_{xx}(\tau)$ 的傅里叶积分变换（FIT）就是自功率谱密度函数 $\Phi_{xx}(f)$。可以用离散傅里叶变换（DFT）估计互功率谱密

度函数，即 $[X_n]^* Y_n / T$，其中，T 为信号长度，$[X_n]^*$ 为信号 $[X_n]$ 的复数共轭。第 2 章阐述的系统频率响应函数 $H(f)$，也可用功率谱密度函数表示如下

$$Y(f)X(f)^* = HX(f)X(f)^* \Rightarrow H(f) = H_1(f) = \Phi_{xy}(f) / \Phi_{xx}(f) \qquad (4.49)$$

或

$$Y(f)Y(f)^* = HX(f)Y(f)^* \Rightarrow H(f) = H_2(f) = \Phi_{yy}(f) / \Phi_{xy}(f) \qquad (4.50)$$

式（4.49）中频率响应函数估计 $H_1(f)$ 倾向于最小化输出噪声，这是测量频率响应函数的欠估计。式（4.50）中频率响应函数估计 $H_2(f)$ 倾向于最小化输入噪声，这是测量频率响应函数的过估计。式（4.48）相干函数也可写为

$$\gamma_{xy}^2(f) = \frac{H_1(f)}{H_2(f)} \qquad (4.51)$$

当激励信号采用随机信号时，可以采用上式计算系统的频率响应函数 $H(f)$。当然，系统频率响应函数也可以采用冲击脉冲激励，其响应的傅里叶积分变换即是系统的频率响应函数 $H(f)$。采用逐频简谐激励，该频率下的稳态响应幅值 $|H(f)|$ 与相位 $\angle H(f)$ 即构成了该频率下系统的频率响应函数 $H(f)$。

相干函数 $\gamma_{xy}^2(f)$ 是频率的函数，具有明确的物理意义，反映了信号 $y(t)$ 中频率 f 的分量在多大程度上来源于信号 $x(t)$。相干函数等于 1 表明完全相干，而等于 0 表明信号间完全不相干或统计独立。因此，在振动的实验模态分析或系统辨识中，需要同时测量或计算相干函数。使相干函数小于 1 的原因包括：①存在测量噪声；②谱估计的分辨率偏差；③系统非线性；④除输入 $x(t)$ 外，还存在其他外部输入。

4.3.3　倒谱

1963 年 Bogert 首先提出倒谱（cepstrum）概念，通过对所估计的时域信号取对数，然后进行傅里叶积分逆变换所得。英文单词 cepstrum 是 spectrum 单词前半部分字母（spec）倒写后重新组合而成。该分析方法常用来进行语音分析和检测机器中的机械部件的恶化状态。信号 $y(t)$ 的倒谱定义如下

$$C(\tau) = F^{-1}[\log Y(f)] \qquad (4.52)$$

式中，F^{-1} 表示傅里叶积分逆变换算子；$Y(f)$ 表示信号 $y(t)$ 的傅里叶积分变换的频谱函数；式中的自变量 τ 称为倒频率（quefrency），具有时间尺度。式（4.52）所表示的倒谱定义是由 Oppenheim 提出的复倒谱定义。如果将常用对数改为自然对数，则复倒谱可以写为

$$C_c(\tau) = F^{-1}\left[\ln|Y(f)| + \mathrm{i}\varphi(f)\right] \qquad (4.53)$$

倒谱的其中一种形式是功率倒谱，其定义为

$$C_p(\tau) = \left| F^{-1}\left[\log\left|Y(f)\right|^2\right]\right|^2 \tag{4.54}$$

功率倒谱也可以采用以下定义

$$C_p(\tau) = \left| F\left[\log\left|Y(f)\right|^2\right]\right|^2 \tag{4.55}$$

式中，F 表示傅里叶积分变换。以上两种功率倒谱定义的频谱分布是一致的，仅存在尺度上的差别。因为 $\log\left|F\right|^2 = 2\log\left|F\right|$，因此，功率倒谱可表示成

$$C_p(\tau) = 4\left| F^{-1}\left[\log\left|Y(f)\right|\right]\right|^2 \tag{4.56}$$

而实倒谱的定义为

$$C_r(\tau) = F^{-1}\left[\log\left|Y(f)\right|\right] \tag{4.57}$$

因此，功率倒谱与实倒谱存在以下关系

$$C_p(\tau) = 4C_r^2(\tau) \tag{4.58}$$

显然，它们之间仅仅存在尺度上的差别，可以完全用实倒谱分析代替功率倒谱的分析。

倒谱分析的优势在于可以把时域信号通过同态处理的方式，变为累加信号，从而便于提取有用的信号。如缺陷引起的冲击通过系统的传递，其输出显然是激励与系统特性在时域上卷积，而在频域上是相乘关系。而倒谱分析中对频谱的对数操作，正好完成了这种同态处理。以一个仿真信号为例，展示倒谱对信号调制特征的提取优势。原始信号是一个被 5 Hz 及其二倍频、三倍频、五倍频调制的 100 Hz 信号，其表达式为

$$y(t) = A_0\left(1 + \cos 2\pi f_m t + \cos 4\pi f_m t + \cos 6\pi f_m t + \cos 10\pi f_m t\right)\sin 2\pi f_0 t \tag{4.59}$$

式中，幅值 A_0 取 1，调制频率 f_m 为 5 Hz，载波频率 f_0 为 100 Hz。对该信号进行实倒谱分析，结果如图 4.12 所示。图 4.12（a）所示信号频谱的 100 Hz 两侧存在 5 Hz 间距的旁瓣族，而图 4.12（b）所示的倒谱中 0.2 s 处存在明显的峰，这对应 5 Hz 的周期振动特征。而载波频谱对应的系统特性压缩到左端，这样就实现了调制特征与系统特性的分离。

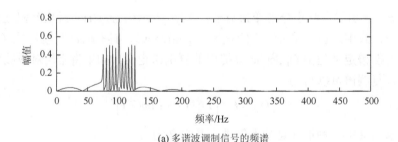

(a) 多诺波调制信号的频谱

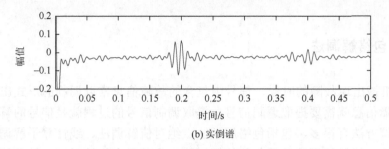

(b) 实倒谱

图 4.12　多谐波调制信号的倒谱分析

接下来以一个实例说明倒谱在信号特征提取中的作用。有一个水泵机组,其输入轴转速为 997 r/min,输入轴齿轮数为 13 个,因此,机器的转频对应的特征频率为 16.67 Hz、齿轮啮合频率为 216 Hz。对该水泵机组的振动信号(齿轮失效状态)进行实倒谱分析,结果如图 4.13 所示。显然,根据图 4.13(b)可以发现频谱存在大量的谐波,无法直接提取故障特征。但图 4.13(c)的倒谱在 0.16 s 处有较大峰值,其对应的频率正好是机器的转频 16.67 Hz。这表明齿轮失效引起了严重的转频调制现象。

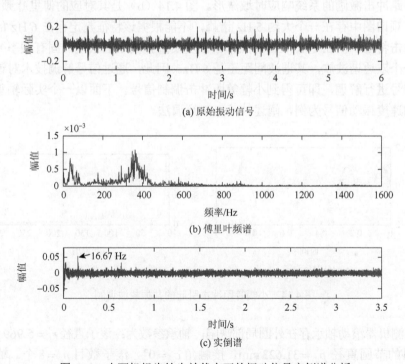

(a) 原始振动信号

(b) 傅里叶频谱

(c) 实倒谱

图 4.13　水泵机组齿轮失效状态下的振动信号实倒谱分析

4.3.4　包络解调法

当机械出现故障的时候，信号中包含的故障信息常以调制的形式出现。要获取故障信息就需要提取调制信号。提取调制信号的过程就是信号的解调。信号的解调方法有很多，包括包络解调法、绝对值解调法、线性算子解调法、平方解调法、能量解调法及希尔伯特解调法。本节仅介绍针对滚动轴承特征提取的包络解调法。

轴承滚子、内外圈、保持架早期出现局部缺陷时，其运行时的振动信号表现出典型的等距冲击特征。因早期局部缺陷引起的冲击力较小，轴承缺陷特征可能淹没在其他机器部件运动特征里。如轴承缺陷特征对应的频段常常包含了齿轮啮合频率、轴转动频率等信号特征。同时，滚动轴承运动时并不能严格确保等距冲击，这是因为轴承滚子运动存在滑移、进入载荷区接触角并不恒定及需要保持架的约束。实际轴承缺陷引起的冲击存在 1%～2%相移，从而使得轴承缺陷特征模糊。图 4.14（a）是针对单自由度质量弹簧阻尼系统受到 5 Hz 简谐激励及 6 Hz 的小幅等距冲击激励的系统响应时域波形。图 4.14（b）是其对应的傅里叶频谱图。显然，频谱图中存在一个大约 5 Hz 谱峰，不能根据该特征判定存在 6 Hz 的小幅等距冲击特征。但在 100 Hz（对应单自由度质量弹簧阻尼系统的固有频率）区域存在一个双边谐波族，其谐波间距正是 6 Hz。因此，通过信号解调技术对该共振区域信号进行解调，即可得到小幅等距冲击调制信号。下面以一个实际轴承外圈故障加速度振动信号为例，阐述轴承包络解调法。

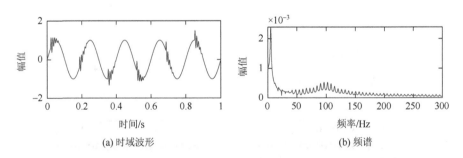

(a) 时域波形　　　　　　　　　　　　　(b) 频谱

图 4.14　小幅等距冲击引起的共振载波调制

被测机器滚动轴承存在外圈局部缺陷，轴承参数为：滚子直径 $r_d = 5.969\,\mathrm{mm}$，滚子组的节圆直径 $p_d = 31.623\,\mathrm{mm}$，接触角 $c_a = 0^{\circ}$，滚子数目 $n_e = 8$ 个。轴承转频为 25 Hz，采用外圈固定、内圈旋转的安装方式。因此，按照滚动轴承特征频率的计算公式，可得轴承的各特征频率：保持架旋转频率 $f_{\mathrm{FTF}} = 14.8594\,\mathrm{Hz}$，

滚珠通过频率 $f_{BSF} = 127.7279\,\text{Hz}$，外圈通过频率 $f_{BPFO} = 81.1245\,\text{Hz}$，内圈通过频率 $f_{BPFI} = 118.8755\,\text{Hz}$。该机器轴承处的振动信号如图 4.15（a）左图所示。图 4.15（a）右图是其傅里叶频谱图。显然，在 1 000～4 000 Hz 频率区间幅值较大，有明显的冲击调制现象，具有丰富的谐波成分。轴承振动包络解调分析的步骤可以归纳如下。

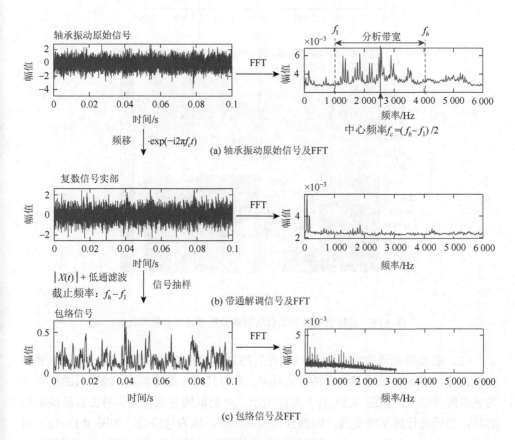

图 4.15　包络解调分析原理

（1）信号频移。根据原始信号频谱特征，选定分析带宽。该带宽应包括系统的共振区域，但实际的机器轴承部位的共振频率并不知晓。为了自适应选择包络解调分析带宽，常利用信号谱峭度图，确定最优分析带宽，如图 4.16 所示。工程上为了简便，常按高速齿轮啮合频率的 3 倍确定分析带宽的下限频率。为了排除与轴承特征频率同尺度的其他特征频率的影响，需对信号按分析带宽的中心频率进行信号频移。信号频移可用 $\exp(-\text{i}2\pi f_c t)$ 对时域信号进行卷积操作实现，从而得到复数频移信号。通过信号频移，使分析带宽内信号在频域平移对齐到频谱零点。

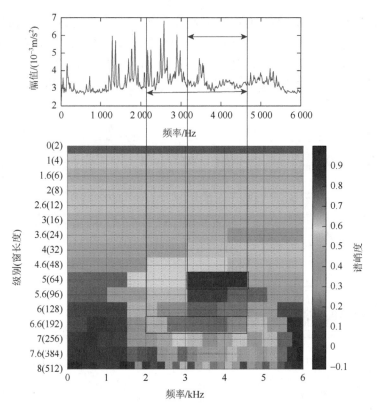

图 4.16　根据谱峭度确定包络解调分析带宽（后附彩图）

（2）取模及低通滤波。对零频对齐后的复数频移信号取模，然后按包络解调分析带宽参数确定低通滤波器的截止频率，并对其进行低通滤波。滤波后的信号即为包络解调信号，如图 4.15（c）左图所示。对提取的包络解调信号去直流或去趋势项，然后进行傅里叶变换，即得到相应的频谱，称为包络谱，如图 4.15（c）右图所示。图 4.17 是图 4.15（c）所示提取包络解调信号的功率谱密度图（0～200 Hz），不同标记的竖直虚线代表轴承各特征频率的位置。显然，轴承包络谱线清晰显示了与轴承外圈缺陷特征频率及其谐波对应的谱峰，而其他特征频率处并没有明显的谱峰。这表明共振包络解调分析可以有效地提取轴承冲击特征，从而可为轴承早期诊断提供有利的工具。值得注意的是，共振包络解调分析仅仅在轴承存在早期局部缺陷的时候有明显效果。这是因为轴承部件早期缺陷的尺度相对滚动体尺寸较小，其产生的冲击脉冲较窄，能够产生宽频的激励，共振效果明显。当缺陷进一步发展，缺陷尺寸越来越大，直至与滚动体尺寸相当时，所产生冲击脉冲较宽，无法有效激励共振响应，但激励能量较大。因此，这时应用其他能量指标判断轴承故障。

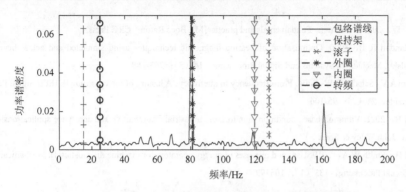

图 4.17　轴承外圈故障状态下的包络解调信号功率谱密度图

4.4　本　章　小　结

　　振动信号分析是振动测试的必要步骤，也是机电设备动态设计、系统辨识及运行状态监测的执行基础。本章针对时域信号、频域信号及随机信号分析中的典型方法进行阐述。在时域、频域典型信号分析方法部分，介绍了常用时域统计方法，包括信号幅度的概率密度表征、均值、方差、均方值、均方根值、偏斜度、峭度、自相关、互相关及时域同步平均方法；介绍了常用的频域方法，包括傅里叶积分变换、傅里叶级数展开、离散傅里叶变换，并介绍了它们之间的关系。在随机信号分析方法部分，介绍了信号泄漏与窗函数、相干与谱密度、倒谱和包络解调法。这些典型信号分析方法的基础是傅里叶变换，如时域方法中的自相关函数的傅里叶积分变换即为自功率谱密度函数，而自功率谱密度函数的傅里叶积分逆变换即为信号的自相关函数。本章介绍的相干函数是实验模态分析中的重要方法，通过激励/响应时间的相干函数或相干系数可以评估振动测试信号的质量或有效性。倒谱与包络解调法是两个重要的随机信号分析方法，读者须正确理解各自的特点，以便在振动信号分析中正确应用。读者可进一步学习其他信号分析理论，包括短时傅里叶变换、小波变换和经验模式分解法等现代信号分析方法，为后续章节的学习打下良好的理论基础。

参 考 文 献

何正嘉，陈进，王太勇，等，2010. 机械故障诊断理论及应用[M]. 北京：高等教育出版社.

屈梁生，张西宁，沈玉娣，2009. 机械故障诊断理论与方法[M]. 西安：西安交通大学出版社.

赵玫，周海亭，陈光冶，等，2004. 机械振动与噪声学[M]. 北京：科学出版社.

Ahmed H, Nandi A K, 2020. Condition monitoring with vibration signals: Compressive sampling and learning algorithms for rotating machines[M]. New York: John Wiley & Sons.

Barszcz T, 2019. Vibration-based condition monitoring of wind turbines[M]. Cham: Springer International Publishing.

de Silva C W，2000. Vibration：Fundamentals and practice[M]. Boca Raton：CRC Press.

Ho D，Randall R B，2000. Optimisation of bearing diagnostic techniques using simulated and actual bearing fault signals[J]. Mechanical Systems and Signal Processing，14（5）：763-788.

Oppenheim A V，Schafer R W，2004. From frequency to quefrency：A history of the cepstrum[J]. IEEE Signal Processing Magazine，21（5）：95-106.

Randall R B，2021. Vibration-based condition monitoring：Industrial，automotive and aerospace applications[M]. New York：John Wiley & Sons.

Randall R B，Smith W A，2019. Uses and mis-uses of energy operators for machine diagnostics[J]. Mechanical Systems and Signal Processing，133（1）：106199.

第二部分　振动测试方法与应用

第5章 振动测量中的运动与力/力矩传感方法

机电设备振动响应测量、系统辨识、实验模态分析等测试分析任务均需要振动测试仪器系统支持才能完成。振动测试仪器系统是由振动传感器、信号调理与信号分析单元互联构成的。其中,振动传感器是确保机电设备振动位移、速度、加速度、力及力矩等物理量变换为数字量的重要模块。振动传感器输出的传感信号常常需要通过合理的调理模块转换为低阻的模拟信号,才能被动态信号采集模块采集变为数字信号。考虑测量工况、被测对象特性等约束、测量精度与低测量成本的要求,需要合理选择不同传感原理与精度等级的振动传感器。本章主要论述振动传感器的机械接收原理、振动测量中的典型运动和力矩传感原理与方法。

5.1 振动传感器的机械接收原理

振动传感器可被认为是一种机电转换装置,也称为换能器、拾振器。因物体振动的机械运动量或振动物理量 M_i 一般不适合直接转变为电量 E_o。这时,振动传感器需要一个机械接收模块,完成某种机械变换,使得变换后的机械运动量 M_o 能够适合完成机电转换。图 5.1 是振动传感器的机电转换构成,包括机械接收模块与机电变换模块。物体的振动物理量 M_i 输入到传感器,通过振动传感器的接收与机电变换输出电量 E_o。

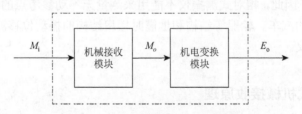

图 5.1 振动传感器的机电转换构成

5.1.1 相对式机械接收原理

物体机械振动表现较为直观,可以通过机械系统放大后进行测量与记录。采用这种直接的振动测量方式的典型振动仪器有杠杆式测振仪和盖格尔测振仪，仅能测量低频振动且精度较低。

如图 5.2 所示为相对式测振仪的机械接收示意图。传感器固定在基准平台或参考体表面，测振仪的测杆与被测物体接触，且方向与物体振动方向一致。测杆通过弹簧施加一定的静态作用力，使得在物体振动过程中，测杆测头与物体始终保持接触状态。当物体振动时，测杆的运动或测杆仅机械放大后的运动 $y(t)$ 与被测物体的振动位移 $x(t)$ 成正比。显然，测量输出 $y(t)$ 是测头在相对坐标系 $\{O_r\}$ 的振动位移，反映的是相对振动位移。

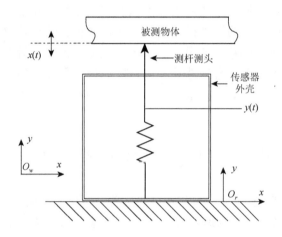

图 5.2　相对式测振仪机械接收示意图

但是，当振动传感器安装在运动物体上时，测量安装在运动参考体上物体的振动，测量输出 $y(t)$ 不能反映物体的绝对振动位移，即在世界坐标系 $\{O_w - xyz\}$ 下的振动位移。因此，相对式测振仪不能用来测量无不动参考点的物体振动位移，如运动状态下的汽车、轮船等结构和地震时楼房结构的振动位移测量，这时应选择惯性式测振仪。

5.1.2　惯性式机械接收原理

如图 5.3 所示，惯性式测振仪被直接安装在被测物体上，其所安装的位置即是所需的测点。显然，测振仪内部传感模块等效为一个集中质量-弹簧-阻尼振动系统。当物体振动时，传感器集中质量（质量为 m ）将与壳体发生相对运动，则集中质量的相对振动位移将被记录下来。按照相对振动位移与物体振动位移的动力学响应关系，即可求出被测物体的绝对振动位移。

1. 惯性传感动力学分析

对如图 5.3 所示的集中质量-弹簧-阻尼振动系统中的质量体进行受力分析，建立如图 5.4 所示的受力简图。建立静坐标系或世界坐标系$\{O_w\text{-}xyz\}$，与地面固连。传感器的相对坐标系$\{O_r\}$，其原点为质量体的静平衡位置，且与传感器外壳固连。其中，世界坐标系$\{O_w\text{-}xyz\}$下的被测物体振动位移为$x(t)$，相对坐标系$\{O_r\}$下的质量体振动位移为$x_r(t)$。质量体上的作用力包括弹性力$F=k(x_r-\delta_{st})$、牵连惯性力$Q=m\ddot{x}$和阻尼力$R=c\dot{x}_r$，其中δ_{st}为弹簧的静伸长。按力平衡关系，建立质量体的微分方程为

$$m\ddot{x}_r = -F-Q-R-mg \tag{5.1}$$

因$mg=k\delta_{st}$，对式（5.1）整理得

$$m\ddot{x}_r+c\dot{x}_r+kx_r=-m\ddot{x} \tag{5.2}$$

式（5.2）等号右侧的$-m\ddot{x}$可当作相对坐标系$\{O_r\}$下作用在传感器上的激励力。显然，该作用力是按达朗贝尔原理等效作用在传感器的惯性力。对式（5.2）进一步整理得

$$\ddot{x}_r+2\zeta\omega_n\dot{x}_r+\omega_n^2x_r=-\ddot{x} \tag{5.3}$$

式中，阻尼比$\zeta=c/(2\sqrt{mk})$，传感器机械接收部分的无阻尼固有频率$\omega_n=\sqrt{k/m}$。若被测物体做简谐振动，其振动位移为$x=A\sin\omega t$，则式（5.3）改写为

$$\ddot{x}_r+2\zeta\omega_n\dot{x}_r+\omega_n^2x_r=A\omega^2\sin\omega t \tag{5.4}$$

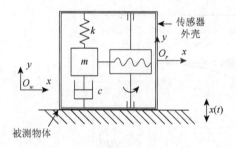

图 5.3　惯性式测振仪机械接收示意图

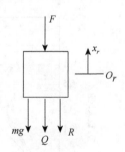

图 5.4　受力分析图

微分方程的通解为

$$x_r(t)=e^{-\zeta\omega_n}\left(c_1\cos\omega_n t+c_2\sin\omega_n t\right)+B\sin\left(\omega t-\varphi\right) \tag{5.5}$$

式（5.5）等号右侧第一项为传感器质量体自由振动响应，将因阻尼逐渐衰减。因此，仅考虑第二项稳态响应，即

$$x_r(t)=B\sin\left(\omega t-\varphi\right) \tag{5.6}$$

式中，

$$B = \frac{\lambda^2 A}{\sqrt{\left(1-\lambda^2\right)^2 + 4\zeta^2\lambda^2}} \qquad (5.7)$$

$$\varphi = \arctan \frac{2\zeta\lambda}{1-\lambda^2} \qquad (5.8)$$

式（5.7）反映了传感器质量体和外壳的相对振动位移振幅 B 与被测物体（或传感器外壳）振动位移振幅 A 之间的关系。式（5.8）则反映了它们之间的相位差。显然，通过测量振幅 B 与相位差 φ，就可以计算出被测物体的振幅 A 与振动频率 ω。

因此，惯性式机械接收的原理是把物体振动测量任务转换为传感器质量体的相对振动测量任务。下面将阐述其位移传感原理与加速度传感原理。

2. 位移传感原理

1）位移传感器模型

把式（5.7）改写为

$$\frac{B}{A} = \frac{\lambda^2}{\sqrt{\left(1-\lambda^2\right)^2 + 4\zeta^2\lambda^2}} \qquad (5.9)$$

根据式（5.9），绘制 λ - B/A 幅频响应曲线，如图 5.5 所示。根据式（5.8），绘制 λ - φ 相频响应曲线，如图 5.6 所示。两幅曲线图分别反映了惯性式位移传感的幅频与相频的特性。

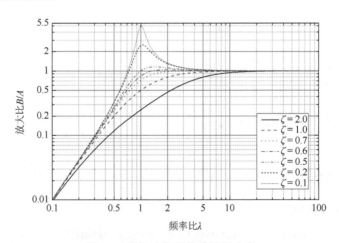

图 5.5　惯性式位移传感幅频响应

根据图 5.5 所示的位移传感幅频响应，当频率比 $\lambda \gg 1$ 时，传感幅值放大比 B/A 趋近于 1，且与频率比 λ 几乎无关。根据图 5.6 所示的位移传感相频响应，当

频率比 $\lambda \gg 1$ 时，传感相位差趋近于 $180°$，且与频率比 λ 几乎无关。显然，当位移传感器满足以下条件

$$\lambda \gg 1 \qquad \zeta < 1$$

时，$B \to A$ 及 $\varphi \to \pi$。这样，式（5.6）可改写为

$$x_r(t) = A\sin(\omega t - \pi) \tag{5.10}$$

式（5.10）表明，满足位移传感条件时，惯性式位移传感的稳态响应对应被测物体的简谐振动，只是存在 $180°$ 的相位滞后。因此，按式（5.9）进行惯性式机械接收，可以构成一个位移传感器。

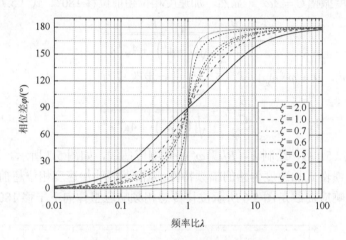

图 5.6　惯性式位移传感相频响应

2）传感器固有频率 ω_n 的影响

为了构成位移传感器，要求频率比 $\lambda \gg 1$，即理论上位移传感器具有良好的高频特性，测量频率无上限。但是，传感器结构及传感器安装会引入高频振动模态。这样，当物体振动频率过高时，将会接近这些高频模态，从而引起共振，破坏位移传感器的测量特性。

为了扩展测量带宽，要求尽可能降低传感器的下限频率，即让传感器的固有频率 ω_n 尽可能低。根据固有频率表达式 $\omega_n = \sqrt{k/m}$，可通过降低弹簧刚度和增加质量体质量的方式扩展测量下限频率。因此，惯性式位移传感器的质量均相对较大。

3）阻尼比 ζ 的影响

（1）根据式（5.5）所示的传感器位移响应通解，增加阻尼比 ζ 可以加快传感器自由振动响应的衰减速度。

（2）传感器阻尼比 ζ 对共振区响应有明显影响。当 $\zeta=0.6 \sim 0.7$ 时，共振区的

幅频响应更平坦，下限频率可以更低，从而扩展了传感器的测量带宽。

（3）由相频响应（图 5.6）可知，随着阻尼比的增加，在传感带宽内相位差变动将逐渐变大，非简谐振动测量位移将会产生相位畸变。

3. 加速度传感原理

1）加速度传感器模型

振动位移 $x(t) = A\sin\omega t$ 对时间求二次导数，即可得到振动加速度

$$\ddot{x}(t) = A\omega^2 \sin(\omega t + \pi) = C\sin(\omega t + \pi) \tag{5.11}$$

式中，加速度振幅 $C = A\omega^2$。显然，加速度相位超前位移180°。式（5.7）可改写为

$$\frac{B}{A\lambda^2} = \frac{1}{\sqrt{\left(1-\lambda^2\right)^2 + 4\zeta^2\lambda^2}} \tag{5.12}$$

根据 $C = A\omega^2$，$\lambda = \omega / \omega_n$，式（5.12）进一步改写为

$$\frac{B}{C}\omega_n^2 = \frac{1}{\sqrt{\left(1-\lambda^2\right)^2 + 4\zeta^2\lambda^2}} \tag{5.13}$$

根据式（5.13），绘制 λ-$(B/C)\omega_n^2$ 幅频响应曲线，如图 5.7 所示。该幅频响应曲线反映了惯性式加速度传感的幅频特性。因简谐振动加速度相位超前位移180°，所以其相频响应曲线是图 5.6 所示位移传感相频响应整体向下平移180°。

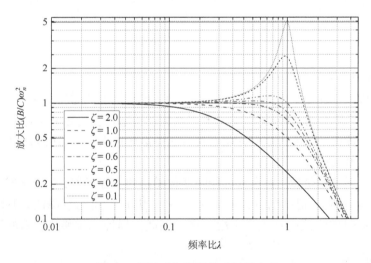

图 5.7　惯性式加速度传感幅频响应

根据图 5.7 所示的惯性式加速度传感幅频响应，当频率比 λ 远小于 1 及阻尼比 ζ 小于 1 时，即 $\lambda \ll 1$，$\zeta < 1$ 时，$B\omega_n^2 \to C$。这样，式（5.6）可改写为

$$x_r(t) = \frac{C}{\omega_n^2}\sin(\omega t - \varphi) \qquad (5.14)$$

因此，惯性式加速度传感器的相对振幅 $x_r(t)$ 是被测加速度振幅的 $1/\omega_n^2$，其中，对某一个加速度传感器 ω_n 是常数。显然，当满足加速度传感条件时，惯性式加速度传感器的相对振幅与被测物体的加速度成正比，从而构成加速度传感器。

2）传感器固有频率 ω_n 的影响

为了构成加速度传感器，要求频率比 $\lambda \ll 1$，即理论上加速度传感器具有良好的低频特性，测量频率无下限，且存在一个测量频率上限。但是惯性式加速度传感器的测量频率下限也不可能等于零，原因如下。

（1）测量系统信号放大器的动态特性和低频特性制约加速度测量的下限频率。

（2）加速度传感器压电晶体与电缆等的漏电效应。

为了提高加速度传感器的上限频率，要求传感器的弹簧刚度 k 应尽可能大、质量体质量 m 尽可能小。但是，为了保证传感器的灵敏度，需要较大的惯性力，即不可能无限度地降低传感器质量体质量。这些特性也印证了加速度传感器质量要小于位移传感器质量，更适合实验模态测试等对传感器附加质量有限制的应用场合。

3）阻尼比 ζ 的影响

（1）增加阻尼比 ζ 可以加快加速度传感器自由振动响应的衰减速度。

（2）传感器阻尼比 ζ 对共振区响应有明显影响。当 $\zeta=0.6\sim0.7$ 时，共振区的幅频响应更平坦，上限频率可以更高，从而扩展了传感器的测量带宽。

（3）随着阻尼比的增加，在传感带宽内相位差变动将逐渐变大，非简谐振动测量加速度将会产生相位畸变。

5.2 运动传感器

运动传感器是振动测试中的关键部件之一，它可以把物体振动位移、速度及加速度等机械运动量接收下来，并将机械运动量按比例转换为电量。振动测试中，典型的运动传感器主要包括电磁感应运动传感器、电容运动传感器、压电加速度传感器、压阻加速度传感器。

5.2.1 电磁感应运动传感器

该类运动传感器利用了电磁感应原理。当传感器的导体运动与磁感线切割时，导体上将产生感应电动势。导体上的感应电流又会产生感应磁场，该磁场将反作用于主磁场。这样，传感器导体相对于主磁场的切割运动所引起的系统磁通量变化，将促使机械能转换为电能。导体机械运动与感应电动势或系统电感的变化关系，可用来构成电磁感应运动传感器，可分为互感式、自感式、永磁式及电涡流式运动传感器。

互感式运动传感器与自感式运动传感器大多属于磁阻式传感器，是借助铁磁介质的运动来改变磁路磁阻。互感式运动传感器包括主级、次级线圈绕组。次级线圈绕组上感应电压的大小取决于主级、次级线圈绕组磁路磁阻。有两种方式实现磁阻调控，一是在磁路上移动铁磁构件，二是移动线圈绕组。前一种方式的典型代表是线性可变差分变压器（linear variable differential transformer，LVDT）运动传感器或旋转可变差分变压器（rotary variable differential transformer，RVDT）运动传感器。后一种方式的典型代表是交流激励转速计，但不属于磁阻式传感器。

自感式运动传感器只有一个线圈绕组，通过交流激励产生磁场。当在磁场中移动铁磁构件时，将改变磁路磁阻和线圈电感。按照电磁感应原理、相对式机械接收原理，通过电感测量的方式构成交流激励速度传感器。为了实现高频振动位移的测量，可以提高激励载波频率。

永磁式运动传感器的磁场是由永磁铁产生的，不需要电流激励。这种运动传感器的典型代表是永磁式转速传感器、永磁式电动速度传感器和永磁式加速度传感器。

1. LVDT 运动传感器

LVDT 运动传感器是一种磁阻式传感器。图 5.8（a）是 LVDT 运动传感器的结构示意图。它包括 1 个主级线圈绕组和 2 个次级线圈绕组。主级线圈绕组通过交流激励电压 V_{ref} 激励。2 个次级线圈绕组是串联反接的，因此，其感应电压是相减的。当铁芯运动到不同位置时，主、次级磁路的磁阻不同，串联次级的调制输出电压将与铁芯的运动位移成正比。当铁芯处于对称中心位置时，调制输出电压

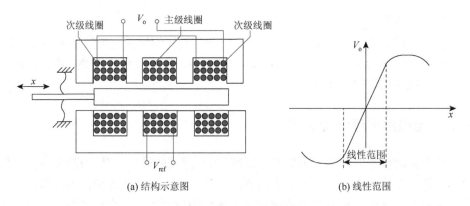

(a) 结构示意图　　　　　　　　(b) 线性范围

图 5.8　LVDT 运动传感器

为 0，对应传感器的位移零点。可通过整流或低通滤波的方式提取调制输出电压。图 5.8（b）表示 LVDT 运动传感器的工作线性范围。

当传感器铁芯测头随被测物体表面运动测量时，要求传感器的使用满足跟随条件。图 5.9 是 LVDT 运动传感器测量的机械物理简化模型，其中，k 是图 5.8（a）中铁芯测头的支撑弹簧片的刚度，m 是顶杆的等效质量，M、K 分别是被测物体的等效质量与刚度。根据受力分析，顶杆的运动微分方程为

$$m\ddot{x} = N - F \qquad (5.15)$$

式中，N 为传感器顶杆与被测物体的相互作用力，F 为顶杆支撑弹性力。显然，保证跟随的条件是 $N > 0$，整理后得

$$N = m\ddot{x} + F > 0 \qquad (5.16)$$

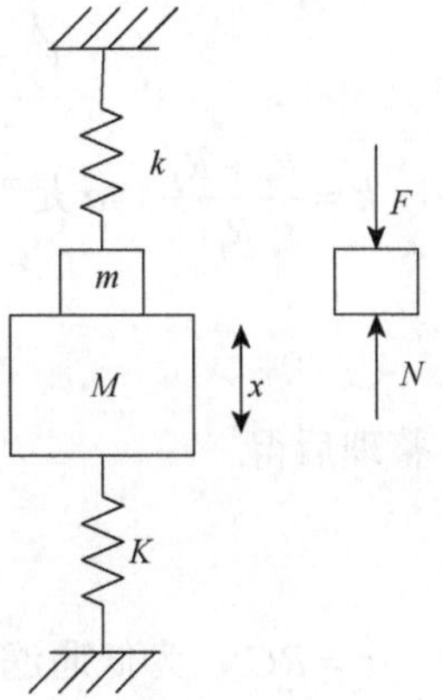

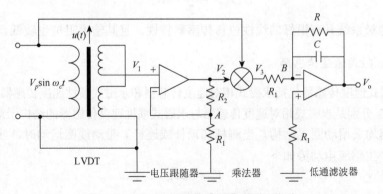

图 5.9　LVDT 运动传感器机械运动与受力分析

设物体的最大加速度为 a_m，弹性力顶杆预压紧力为 $F_0 = k\delta$，则弹性力为 $F = F_0 + kx$。其中，$x \ll \delta$，所以 $F \approx F_0$。因此，跟随条件式（5.16）可改写为

$$F_0 - m a_m > 0 \quad 或 \quad a_m < \frac{F_0}{m} \qquad (5.17)$$

图 5.10 是 LVDT 运动传感器的典型调理电路。根据图 5.10，推导该传感器的传感表达式。图中，$u(t)$ 是 LVDT 测头的运动位移，ω_c 是激励载波角频率，V_o 是测量系统的信号输出。次级串联反接的输出通过电压跟随器、乘法器及低通滤波器完成位移信号的解调输出。

图 5.10　LVDT 运动传感器典型调理电路

根据 A 点的电流平衡关系及电压跟随器的特点，得到

$$\frac{V_2 - V_1}{R_2} = \frac{V_1}{R_1} \tag{5.18}$$

整理后，得

$$V_2 = \frac{R_1 + R_2}{R_1} V_1 = kV_1 = kau(t)V_p \sin \omega_c t \tag{5.19}$$

式中，$k = \dfrac{R_1 + R_2}{R_1}$，$a$ 是变压比。同样根据 B 点的电流平衡关系，得到

$$\frac{V_3}{R_1} + \frac{V_o}{R} + C\dot{V}_o = 0 \tag{5.20}$$

整理后得

$$\tau \frac{dV_o}{dt} + V_o = -\frac{R}{R_1} V_3 \tag{5.21}$$

式中，$\tau = RC$，为低通滤波时间常数。整理后，得到输出信号的传递函数为

$$\frac{V_o}{V_3} = -\frac{R/R_1}{1 + \tau s} = -\frac{k_0}{1 + \tau s} \tag{5.22}$$

式中，$k_0 = R/R_1$。根据电路，低通滤波前的电压 V_3 可表示为

$$V_3 - V_2 V_p \sin \omega_c t - V_p^2 aku(t) \sin^2 \omega_c t \tag{5.23}$$

或

$$V_3 = \frac{V_p^2 ak}{2} u(t) \left[1 - \cos 2(\omega_c t) \right] \tag{5.24}$$

显然，低通滤波前的信号中含有 $2\omega_c$ 的高频载波信号。经低通滤波器滤波后，输出电压可表示为

$$V_o = \frac{V_p^2 ak_0}{2} u(t) \tag{5.25}$$

显然，测量系统具有很好的线性位移传感器特性，且其输出阻抗也较低。

2. 永磁式速度传感器

永磁式速度传感器包括永磁式相对速度传感器和永磁式惯性速度传感器。图 5.11 与图 5.12 分别是永磁式相对速度传感器与永磁式惯性速度传感器的结构示意图。两种传感器均采用动圈式结构。当测杆（顶杆或连杆）带动线圈运动时，线圈将切割磁场产生感应电动势如下

$$V_o = -Bl\dot{x}_r \tag{5.26}$$

和

$$V_o = Bl\dot{x}_r \tag{5.27}$$

式中，B 为磁通密度，l 为线圈在磁场内的有效长度，$\dot{x}_r$ 为线圈在磁场中的相对

速度。式（5.26）是永磁式相对速度传感器的速度传感关系，式（5.27）是永磁式惯性速度传感器的速度传感关系。它们之间的差异是相位差180°，这是因为两种传感器分别是相对式机械接收与惯性式机械接收。值得注意的是，前者使用时要求保证测杆跟随条件［式（5.16）］，而后者使用时全部质量要附着在被测结构上，对测量结果的可靠性将产生较大的附加质量影响。

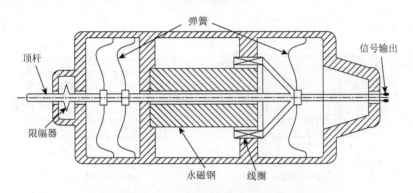

图 5.11 永磁式相对速度传感器示意图

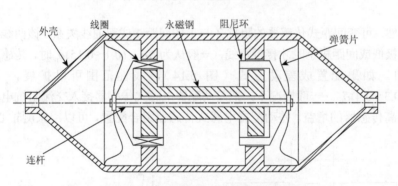

图 5.12 永磁式惯性速度传感器示意图

3. 电感式传感器

电感式传感器属于自感式运动传感器。图 5.13 是电感式传感器的传感示意图，其中，图 5.13（a）表示可变间距传感方式，图 5.13（b）表示可变面积传感方式。两种被测物体的传感方式，都会引起线圈电感的变化。电感式传感器线圈阻抗可表示为

$$Z = R + j\omega\frac{W^2}{R_M} \tag{5.28}$$

式中，R 为线圈直流电阻，W 为线圈匝数，ω 为激励电压角频率，R_M 为磁场回路磁阻。磁阻 R_M 包括铁芯磁阻 R_{MCO} 和气隙磁阻 $R_{M\delta}$，即 $R_M = R_{MCO} + R_{M\delta}$。当选择高导磁材料时，有 $R_{M\delta} \gg R_{MCO}$，这样，线圈磁阻可表示为

$$R_{\mathrm{M}} = \frac{\delta}{\mu_0 A_L} \tag{5.29}$$

式中，μ_{r} 为空气相对磁导率，A_L 为铁芯面积，δ 为气隙工作间距。当采用高频电压信号激励线圈，必然存在 $R \ll \omega L$。这时线圈阻抗可表示为

$$Z = \mathrm{j}\mu_{\mathrm{r}}\omega W^2 \frac{A_L}{\delta} \tag{5.30}$$

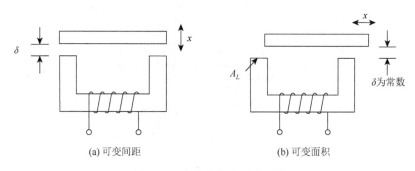

(a) 可变间距　　　　　　　　　　　　(b) 可变面积

图 5.13　电感式传感器示意图

显然，可变间距式传感器的阻抗 Z 与工作间距 δ 成双曲线关系，该曲线只有在灵敏度极低或间距极小时才接近直线，一般认为 $\Delta\delta = (0.1\sim 0.15)\delta_0$ 时，传感关系是线性的。如果配置成差动方式（图 5.14），线性范围可以扩展，大致为 $\Delta\delta = (0.3\sim 0.4)\delta_0$。一般情况下，把差动配置电感式传感器接入交流阻抗电桥中，可以提高传感器的增益。差动配置电感式传感器组合配置，可以用来测轴心轨迹。

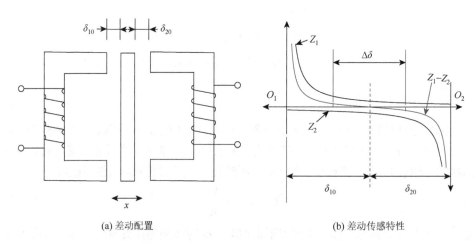

(a) 差动配置　　　　　　　　　　　　(b) 差动传感特性

图 5.14　差动配置电感式传感器示意图

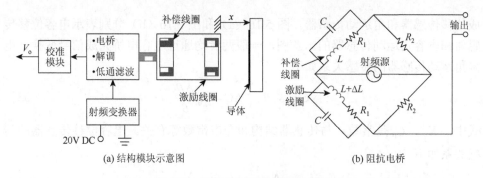

(a) 结构模块示意图   (b) 阻抗电桥

图 5.15 电涡流位移传感器示意图

4. 电涡流位移传感器

电涡流位移传感器属于电涡流式运动传感器，是一种相对式非接触传感器，它是通过传感器端部与被测物体之间的距离变化来测量物体振动位移的。图 5.15（a）、（b）分别是电涡流位移传感器结构模块示意图与阻抗电桥。传感器包括激励线圈与补偿线圈。激励线圈会通过高频激励信号（1～100 MHz），要求被测物体是具有导磁特性或通过在非导磁物体表面贴附导磁层。当被测物体表面靠近传感器前端时，物体表面将因高频交变磁场感生出电涡流，感生电涡流产生的磁通又穿过传感器的线圈。这样传感器线圈与电涡流存在互感效应。线圈与物体表面的距离发生变化时，等效电感将发生变化（$L' = L + \Delta L$）。等效电感可表示为

$$L' = L(1 + K_L^2) \tag{5.31}$$

式中，$K_L = M\sqrt{LL_e}$ 为耦合系数，M 为互感系数。耦合系数 K_L 决定于激励线圈与导体表面的工作距离 d。当传感器远离被测物体时，即 $d \to \infty$，阻抗电桥处于平衡状态，输出为 0。当传感器靠近被测物体时，阻抗电桥输出将随工作距离 d 发生变化。阻抗电桥通过解调与低通滤波后的输出电压将与工作距离 d 成正比变化。

5.2.2 电容运动传感器

电容运动传感器常用来测量微小线性位移运动和角运动。两个平行导体极板间的电容可表达为

$$C = \varepsilon \frac{A_c}{x} \tag{5.32}$$

式中，C 为电容，A_c 为极板公共面积，x 为极板间的距离，ε 为介电常数。

由式（5.32）可知，改变极板公共面积 A_c 或极板间距 x，均可改变电容 C。因此，电容运动传感器可分为两类：可变间距类和可变公共面积类，分别可以构

成位移传感器和角运动传感器。图 5.16（a）和图 5.16（b）分别表示电容位移传
感器和电容角运动传感器的示意图，一般两者均通过电容电桥完成信号变换。电
容角运动传感器的传感关系如下

$$C = K_x\theta, \quad \Delta C = C_0 \frac{\Delta\theta}{\theta} \tag{5.33}$$

式中，K_x、C_0 是常数，与传感器结构和介电常数等有关。电容位移传感器的传
感关系如下

$$C = \frac{K_x}{x}, \quad \Delta C = C_0 \frac{\Delta x}{x_0} \tag{5.34}$$

式中，K_x、C_0 是常数，与传感器结构和介电常数等有关；$x = x_0 \pm \Delta x$，$\Delta x \ll x$。
电容位移传感器的电容与极板间距的关系是双曲线关系，因此，也可以配置成差
动结构，增强传感器的灵敏度和线性测量范围。

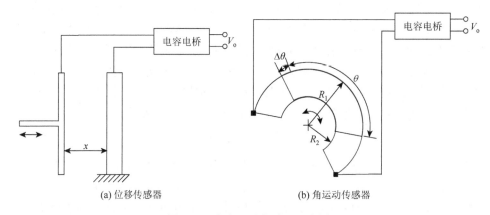

(a) 位移传感器　　　　　　　　　　　(b) 角运动传感器

图 5.16　电容运动传感器示意图

　　如果利用惯性式机械接收原理，使得极板间距与加速度相关，即可构成电容
加速度传感器。图 5.17 是采用差动电容与惯性式机械接收原理构成的电容加速度
传感器示意图。采用微加工技术，可实现微电机系统电容加速度传感器。电容加
速度传感器可以测恒加速度，即其测量下限频率为 0。

　　根据图 5.18 电容位移传感器反相放大电路中的 A 点电流平衡方程

$$V_{ref}C_{ref} + V_oC = 0 \tag{5.35}$$

整理后，传感关系或输出电压为

$$V_o = -\frac{V_{ref}C_{ref}}{K_x}x \tag{5.36}$$

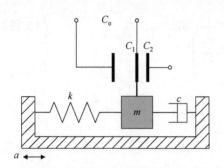

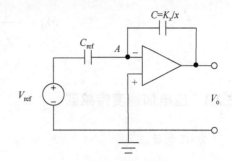

图 5.17　电容加速度传感器示意图　　　图 5.18　电容位移传感器反相放大电路图

图 5.19 为电容位移传感器电桥电路，其中，传感器阻抗 $Z_2 = 1/(i\omega C_2)$，补偿电容阻抗 $Z_1 = 1/(i\omega C_1)$，电桥阻抗 Z_3，Z_4 常为容抗，交流激励电压 $V_{ref} = V_a \sin\omega t$，电桥输出电压 $V_o = V_b \sin(\omega t - \phi)$。根据运算放大器正负输入端的电流平衡方程

$$\frac{V_{ref} - V}{Z_1} + \frac{V_o - V}{Z_2} = 0 \quad \text{和} \quad \frac{V_{ref} - V}{Z_3} + \frac{0 - V}{Z_4} = 0 \qquad (5.37)$$

整理后，输出电压为

$$V_o = \frac{\left(\dfrac{Z_4}{Z_3} - \dfrac{Z_2}{Z_1}\right)}{1 + \dfrac{Z_4}{Z_3}} V_{ref} \qquad (5.38)$$

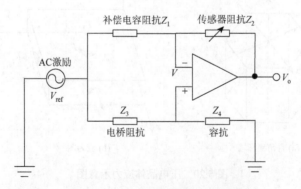

图 5.19　电容位移传感器电桥电路

当电桥满足平衡条件：$\dfrac{Z_2}{Z_1} = \dfrac{Z_4}{Z_3}$，电桥输出电压为 0。当传感器阻抗变化 δZ 时，电桥输出电压变化为

$$\delta V_{\mathrm{o}} = -\frac{V_{\mathrm{ref}}}{Z_1\left(1+\dfrac{Z_4}{Z_3}\right)}\delta Z \tag{5.39}$$

5.2.3　压电加速度传感器

1. 压电效应

压电加速度传感器具有惯性式机械接收特性，而机电变换利用了压电晶体的正压电效应。压电晶体（如石英晶体）受到外力作用时，将在表面或极化平面产生电荷，称为正压电效应，而从电能到机械能的变换称为逆压电效应。以石英晶体为例，常采用机械轴与电轴来表征其物理电气性能。如图 5.20（a）所示，x 轴称为电轴，它通过六面体相对的两条棱线，且垂直于光轴（z 轴）和机械轴（y 轴）。显然，过相对棱线，存在 3 个电轴。当沿电轴（x 轴）的方向施加作用力 F 时，将产生压电效应。设 Q 为垂直于 x 轴平面上释放的电荷，A_p 为此电极极化平面的面积，则存在

$$\frac{Q}{A_p} = d_x\frac{F}{A_p} \quad \text{或} \quad Q = d_x F \tag{5.40}$$

式中，d_x 为压电系数，单位为 C/N。

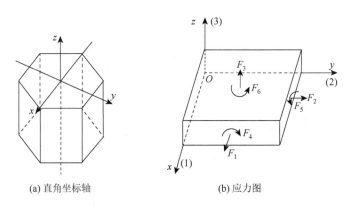

(a) 直角坐标轴　　　　　　　(b) 应力图

图 5.20　压电晶体应力示意图

按照压电本构关系，各平面上产生的电荷为

$$[Q_i]_{3\times1} = [d_{ij}]_{3\times6}[F_j]_{6\times1} \tag{5.41}$$

式中，Q_i 为垂直于 i 轴晶体平面上的总电荷量，$i = 1, 2, 3$；F_j 为沿 j 轴的轴向作用力，$j = 1, 2, 3, 4, 5, 6$；d_{ij} 为压电元件的压电系数。压电晶体的压电系数矩阵为

$$\left[d_{ij}\right]_{3\times6}=\begin{bmatrix} d_{11} & -d_{11} & 0 & d_{14} & 0 & 0 \\ 0 & 0 & 0 & 0 & -d_{14} & -2d_{11} \\ 0 & 0 & 0 & 0 & 0 & 0 \end{bmatrix} \tag{5.42}$$

当加速度传感器用压电晶体的切片面与被测物体运动方向垂直时，压电晶体所受的作用力仅分力 F_1 不等于 0，其他 5 个分力均等于 0 时，式（5.41）可简化为

$$Q_1 = d_{11}F_1 \tag{5.43}$$

2. 压电加速度传感关系与传感器

显然，根据式（5.43），可得到加速度传感关系

$$a = \frac{d_{11}}{m}Q \tag{5.44}$$

如图 5.21 所示，压电加速度传感器可看作是一个电荷源 Q_a，并带有较小的电容 C_a，因此，其输出阻抗较大[输出阻抗为 $1/(\mathrm{i}\omega C_a)$]。对石英晶体加速度传感器，其 100 Hz 的输出阻抗可达到数百兆欧。这也是压电加速度传感器存在低频下限的原因之一。

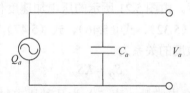

图 5.21　压电加速度传感器的等效电路示意图

压电加速度传感器内部结构常采用中心配合压缩与剪切方式，其典型内部结构示意图如图 5.22 所示。图 5.22（d）所示的剪切结构相较于中心配合压缩式结构具有更高的稳定性，更小的线性度与温度影响，以及更大的动态范围。以图 5.22（a）所示的外圈配合压缩式结构为例，压电加速度传感器的机械接收部分可等效为单

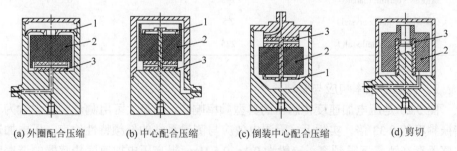

(a) 外圈配合压缩　　　(b) 中心配合压缩　　　(c) 倒装中心配合压缩　　　(d) 剪切

图 5.22　压电加速度传感器结构示意图

1-弹簧片；2-惯性块；3-压电片

自由度质量-刚度-阻尼力学模型，因此，压电加速度传感器采用了前述的惯性式机械接收加速度传感模型。为了保证测量带宽，可提高系统固有频率，即提高传感器弹簧片刚度和降低质量体质量。这使得压电加速度传感器一般质量较小。

1）压电加速度传感器灵敏度

压电加速度传感器的灵敏度可表示为电压灵敏度 S_V 和电荷灵敏度 S_Q。它们与加速度的关系为

$$Q_a = S_Q a \quad 和 \quad V_a = S_V a \tag{5.45}$$

根据式（5.43）单轴压电加速度传感器的压电效应等式，其电荷灵敏度可表示为

$$S_Q = \frac{\partial Q_a}{\partial F} = \frac{1}{A_q} \frac{\partial Q_a}{\partial p} \tag{5.46}$$

式中，F 为压电晶体测量轴方向上的作用力，A_q 为压电晶体感测面积，p 为施加在压电晶体表面的应力。压电加速度传感器的电压灵敏度可表示为

$$S_V = \frac{1}{d} \frac{\partial V_a}{\partial p} \tag{5.47}$$

式中，d 为压电晶体厚度。由图 5.21 所示的压电加速度传感器等效电路示意图，有 $\delta Q_a = C_a \delta V_a$。综合式（5.32）、式（5.46）、式（5.47），可得到压电加速度传感器电荷灵敏度与电压灵敏度的关系为

$$S_Q = K S_V \tag{5.48}$$

式中，K 为压电晶体的介电常数。表 5.1 为几种压电材料的电荷灵敏度与电压灵敏度。

表 5.1　压电材料的电荷灵敏度与电压灵敏度

压电材料	电荷灵敏度 S_Q/(pC/N)	电压灵敏度 S_V/(mV·m/N)
锆钛酸铅（PZT）	110	10
钛酸钡（barium titanate）	140	6
石英晶体（quartz crystal）	2.5	50
罗谢尔盐（Rochelle salt）	275	90

2）传感器频率响应与安装

图 5.23 是压电加速度传感器的典型频率响应，其最大可用测量频率大致为其谐振频率的 0.33 倍。实际上，因漏电效应与测量系统的低频特性约束，压电加速传感器存在测量下限频率，一般为 0.1～0.5 Hz。提高压电加速度传感器的谐振频率可以提高其测量上限频率。但压电加速度传感器的质量体质量与灵敏度具有正

相关特性，因此，传感器的灵敏度与可用频率范围相互矛盾。工程人员应根据测量要求，合理权衡，选择合适的压电加速度传感器。

　　图 5.24 与表 5.2 给出了压电加速度传感器的安装方式及其相应的频率响应范围。理想的压电加速度传感器安装面是精加工表面，表面粗糙度可以达到 0.000 16 mm。这种情况适于永固性测点，采用耦合液涂覆和螺栓连接方式，其可用频率响应范围最宽。手持探针连接传感器对测量表面要求不高，但其对低频（<5 Hz）和高频（>1 kHz）的响应较差。当有漏电约束时，可采用带绝缘层（如云母垫片）的安装基座或磁座。如果被测表面无法平整，可采用马蹄磁座连接传感器。

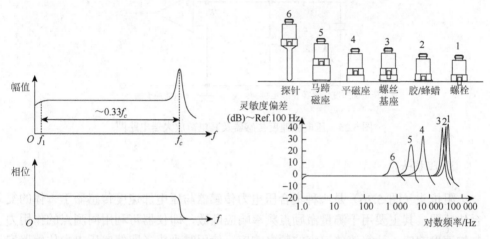

图 5.23　压电加速度传感器的典型频率响应　图 5.24　压电加速度传感器安装方式及其频率特性

Ref.100 Hz 表示灵敏度以 100 Hz 处的值为准

表 5.2　压电加速度传感器的安装方式、许用最高温度与频率响应范围

安装方式	许用最高温度	频率响应范围
钢螺栓+薄层硅脂	>250 ℃	0~10 kHz
绝缘螺栓+薄层硅脂	250℃	0~8 kHz
蜂蜡黏合	40℃	0~7 kHz
磁座吸合	150℃	0~1.5 kHz
手持触杆	不限	0~0.4 kHz

注：表中频率响应范围中的上截止频率为 4367 型号的压电加速度传感器幅频频率响应在±0.5 dB 处的频率。

3）电荷放大器

　　压电加速度传感器本质上是电荷型传感器，其输出阻抗较大。而电荷放大器具有很大的输入阻抗和较小的输出阻抗，常作为调理模块来匹配压电加速度传感器。图 5.25 是压电加速度传感器与其匹配的电荷放大器电路图。电荷放大器的低输出阻抗特征可以减小负载效应。电荷放大器较大的时间常数 $\tau(\tau=R_f C_f)$ 也可以减少电荷泄漏。

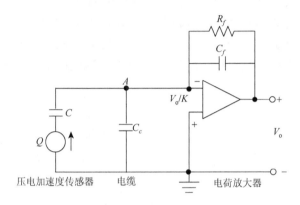

图 5.25　压电加速度传感器及其电荷放大器电路图

3. 阻抗头

阻抗头（图 5.26）是一种集合压电力传感器与压电加速度传感器于一体的复合传感器，其主要用于测量激励点频率响应函数，即仪器可利用同测点的作用力与加速度响应，计算该传递点的频率响应。使用时小头（即偏向压电力传感器安装面）与被测结构相连；而大头（即偏向压电加速度传感器安装面）与激振器激振杆相连。

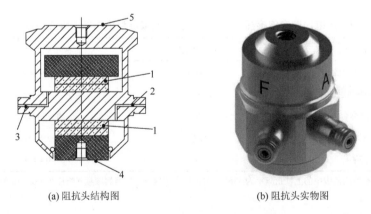

(a) 阻抗头结构图　　　　　　　　(b) 阻抗头实物图

图 5.26　阻抗头结构图与实物图

1-压电晶体；2-力信号输出；3-加速度信号输出；4-小头（与被测结构相连）；5-大头（与激振器激振杆相连）

5.2.4　压阻加速度传感器

压阻加速度传感器可以测量直流加速度响应。由于其可测量零频加速度信号，因此，通过积分变换可准确获得速度和位移信号。图 5.27 是微电子系统（MEMS）压阻加速度传感器示意图及其应变片电桥。压阻元件是一种受到应变作用时可产生电阻变化的半导体元件，分为 P 型与 N 型，比如，PZT 陶瓷、压电纤维复合材料。但是压阻加速度传感器的灵敏度较低，较难实现准确的振动测量，而且其对温度较为敏感。温度对测量精度与稳定性的影响，可通过带温度补偿的应变片电桥改善。

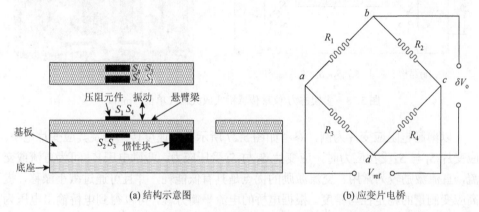

(a) 结构示意图　　　　　　　　　　　(b) 应变片电桥

图 5.27　MEMS 压阻加速度传感器示意图及其应变片电桥（S 为应变片，R 为其电阻）

从使用角度考虑，压阻加速度传感器具有较宽的测量带宽和较大的动态性能，因而比 MEMS 电容加速度传感器贵。例如，PCB 3501B1220 KG MEMS 冲击加速度传感器的灵敏度为 0.01 mV/g，测量范围 ±20 000 g，频率范围 0～10 000 Hz。因此，其主要用于大振幅、宽频特征的冲击振动测量，如汽车碰撞测试与武器系统的冲击振动测试。

5.3　力/力矩传感器

除了位移、速度与加速度运动传感测量外，力与力矩传感在机器的振动测试评估、失效检测等方面也极其重要。很多机器自动化装配运动的微小位移误差将产生巨大的力与力矩，因此，这进一步表明力与力矩传感技术在机器振动测试中的重要性。

5.3.1 应变传感器

许多力/力矩传感器均采用应变传感方式实现，如应变式加速度传感器。通过传感结构应变的测量，可以直接映射到应力与力的传感与测量。通过辅助结构也可以实现位移与加速度的测量。如图 5.28 所示，多模态力/位移传感桥式放大器可以实现输入力、输入位移和输出位移的传感。

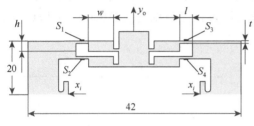

(a) 结构示意图（S_1，S_2，S_3，S_4 为应变片）   (b) 实物图

图 5.28   多模态力/位移传感桥式放大器（单位：mm）

以薄膜电阻应变片为例，参考如图 5.27 所示的加速度传感器及其应变片电桥。应变片 S_1 与 S_4 受拉应力时，应变片 S_2 与 S_4 受压应力。激励电压 V_{ref} 可为直流或交流，直流激励较为常用，交流激励的优点是具有低能耗，并且可通过减小漂移，提高应变测量的稳定性与精度。根据电桥的电流平衡方程，可以得到电桥输出电压为

$$V_o = \frac{(R_1R_4 - R_2R_3)}{(R_1 + R_2)(R_3 + R_4)} V_{ref} \tag{5.49}$$

显然，应变片电桥的平衡条件为

$$\frac{R_1}{R_2} = \frac{R_3}{R_4} \tag{5.50}$$

测量前对电桥进行平衡，通过测量电桥输出电压变化 δV_o，根据应变与加速度或力的动力学传递关系即可测得加速度或力。当应变片电阻受载发生变化时，其电桥输出电压的变化可表示为

$$\delta V_o = \sum_{i=1}^{4} \frac{\partial V_o}{\partial R_i} \delta R_i \tag{5.51}$$

根据式（5.49）可求取式（5.51）中的偏微分，可推得电桥输出电压变化与激励电压的关系

$$\frac{\delta V_o}{V_{ref}} = \frac{(R_2\delta R_1 - R_1\delta R_2)}{(R_1 + R_2)^2} - \frac{(R_4\delta R_3 - R_3\delta R_4)}{(R_3 + R_4)^2} \tag{5.52}$$

当电桥桥臂上的 4 个应变片的电阻相等，电桥输出端相邻两侧应变片具有反向电阻变化特性（结构相对黏贴）且均为感测元件时，即组成全桥测量回路。这时，电桥输出电压变化与激励电压的关系为

$$\frac{\delta V_{\text{o}}}{V_{\text{ref}}} = k \frac{\delta R}{4R}$$

（5.53）

式中，桥常数 $k = 4$。同理，半桥与 1/4 桥配置时桥常数 k 分别为 2 与 1。显然，全桥配置的应变测量灵敏度最高。

5.3.2　应变力矩传感器

通过构建相对式机械接收结构，即可利用应变力矩传感器配置成应变式加速度传感器。这里仅介绍利用应变力矩传感器的方法。

图 5.29 表示一个受到纯扭矩作用的圆轴纯剪应力具有线性分布特征，其主应力保持为与轴线夹角 45°方向。所受扭矩与主应变的关系如下

$$T = \frac{2GJ}{r} \varepsilon$$

（5.54）

式中，G 为轴的材料剪切模量，J 为轴的截面极惯性矩，r 为轴半径，ε 为主应变。根据式（5.53）与式（5.54），采用应变片电桥进行力矩测量的传感关系如下

$$T = \frac{8GJ}{kS_s r} \frac{\delta V_{\text{o}}}{V_{\text{ref}}}$$

（5.55）

式中，k 的取值与应变片电桥配置有关（全桥、半桥与 1/4 桥分别取 4、2、1），S_s 为应变片灵敏度系数。组成应变电桥的应变片安装方式见图 5.30，三种电桥配置都可以实现轴向与弯曲载荷补偿。根据式（5.55），扭矩测量性能跟轴截面极惯性矩 J 有密切关系。例如，如要满足最大应变 $\varepsilon_{\max}$，则轴截面极惯性矩应满足

$$J \geqslant \frac{\phi r}{2G} \frac{T_{\max}}{\varepsilon_{\max}}$$

（5.56）

式中，ϕ 为安全因子。为保证扭矩传感器灵敏度 S_a，即输出电压 $V_{\text{o}} = S_a \delta V_{\text{o}}$，则轴截面极惯性矩应满足

$$J \geqslant \frac{S_a k S_s r V_{\text{ref}}}{8G} \frac{T_{\max}}{V_{\text{o}}}$$

（5.57）

圆轴应变力矩传感器的缺点是应变片的贴附面为曲面。图 5.31 是一种用于机器人关节输出力矩传感的弯曲梁应变式力矩传感器示意图，可在其弯曲梁轮辐的两侧平面上贴附应变片，为应变片提供了平面贴附面。

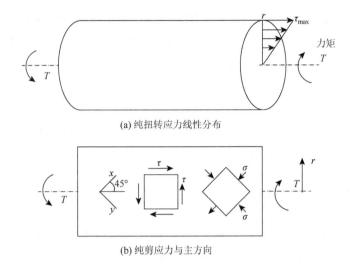

(a) 纯扭转应力线性分布

(b) 纯剪应力与主方向

图 5.29　圆轴纯扭转应力与纯剪应力

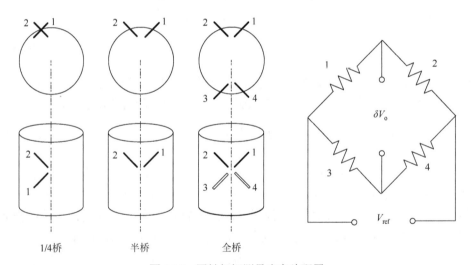

1/4 桥　　　　半桥　　　　全桥

图 5.30　圆轴扭矩测量应变片配置

5.3.3　其他类型力矩传感器

　　除了利用应变测量实现力矩测量外，也可以利用变形量或转角测量实现力矩测量。如图 5.32 所示，是机器人关节的另外一种基于弹性传感轴转角测量的力矩传感方法。从关节剖面图可以看到，它包括两个编码器（常为光栅和磁栅编码器），分别安装在刚性传动轴（外轴）和弹性传感轴（内轴）上。当关节承受转矩负载时，其相互转角差可由两个绝对位置编码器的读数计算得到。因此，其力矩传感关系为

$$T = \frac{GJ}{L}\theta \qquad (5.58)$$

式中，L 为弹性传感轴长度，G 为弹性传感轴的材料剪切模量，J 为弹性传感轴的截面极惯性矩，θ 为弹性传感轴的编码器安装截面间的相对转动角。

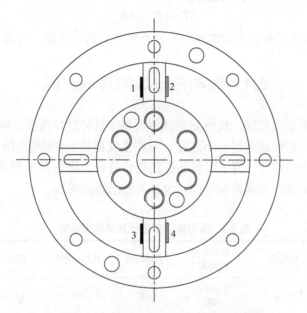

图 5.31　弯曲梁应变式力矩传感器示意图

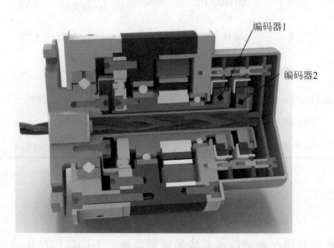

图 5.32　机器人关节双编码力矩传感器

利用与 RVDT 和 LVDT 类似原理的变阻抗测量方法，也可以构成力矩传感器。它通过铁磁力矩传感器与主应力 45°夹角方向开槽，构建变阻抗测量臂。这样，可通过阻抗电桥建立转角测量,从而实现力矩测量。以上方法都需要在原传动轴上附加传感构件,这会影响原传动系统的动力学特性。采用磁阻非接触的方式,不改变原传动系统结构,也可以构建力矩传感器。采用适用的力矩传感器测量磁反应力矩 T_R,可计算得到负载力矩

$$T_L = T_R - J\ddot{\theta} \tag{5.59}$$

式中,J 为测量转子的截面极惯性矩,$\ddot{\theta}$ 为转子的角加速度,可测量得到。

5.4　振动传感器的典型性能

为完成测量系统互联,传感器特性特别是阻抗特性,需要仔细评估。若选定的振动传感器与后续测量组件不匹配,将产生载荷效应和降低输出信号水平,从而影响整个系统的性能。有关阻抗匹配的理论分析,将在第 7 章详述。表 5.3 列出了常用振动传感器及其典型性能,包括其输出阻抗特性。

表 5.3　常用振动传感器及其典型性能

传感器	物理量	频率范围(最大/最小)	输出阻抗	典型分辨率	精度	灵敏度
LVDT 运动传感器	位移	2 500 Hz DC	中等	≤0.001 mm	0.3%	50 mV·m/m
电涡流位移传感器	位移	100 kHz DC	中等	0.001 mm 0.05%满量程	0.5%	5 V·m/m
转速计	速度	700 Hz DC	中等(50 Ω)	0.2 mm/s	0.5%	5 mV·m/ms 75 mV/(rad·s)
压电加速度传感器	加速度	25 kHz/1 Hz	高	1 mm/s^2	1%	0.5 mV/(m·s^2)
力传感器	力(10~1 000 N)	500 Hz DC	中等	0.01 N	0.05%	1 mV/N
激光传感器	位移/轮廓	1 kHz DC	100 Ω	1.0 μm	0.5%	1 V·m/m
光学编码器	运动量	100 kHz DC	500 Ω	10 bit	±0.5 bit	10^4/rev

5.5　本章小结

振动传感器是振动测试仪器系统的重要组件。不同的振动传感器采用了不同的振动机械接收原理。由于运动传感方式很多,每种方式均具有不同的特点,适应不同的应用场合。全面了解各种运动传感器与力/力矩传感器的工作原理、电气特点是正确选择运动传感器、组建振动测试仪器系统的关键。为了更好地学习后

续的振动测试仪器系统组建与振动测试技术，读者须正确理解各种运动传感器、力/力矩传感器的特点，明确各种传感器的电气特性，特别是输出阻抗特性，为后续章节的学习打下良好的理论基础。

参 考 文 献

刘习军，贾启芬，2004 . 工程振动理论与测试技术[M]. 北京：高等教育出版社.

张志华，张天元，王芝秋，等，1986. 盖格尔机械式测振仪电信号输出[J]. 工程力学（1）：93-98.

Broch J T，1984 . Mechanical vibration and shock measurements[M]. Virum：Bruel & Kjaer.

Button V，2015. Principles of measurement and transduction of biomedical variables[M]. New York：Academic Press.

Chen Z，Li Z，Jiang X，et al.，2019. Strain-based multimode integrating sensing for a bridge-type compliant amplifier[J]. Measurement Science and Technology，30（10）：105106.

de Silva C W，2000. Vibration：Fundamentals and practice[M]. Boca Raton：CRC Press.

Wilson J S，2005. Sensor technology handbook [M]. New York：Elsevier.

第6章　先进振动测量技术

除了第 5 章介绍的振动传感方法，其他先进振动测量技术可以更好地弥补传统方法的不足，如时间平均全息干涉振动测量、激光多普勒振动测量、数字散斑图像相关全场振动测量及基于相位的视频运动放大的振动测量。利用时间平均全息干涉振动测量可以定性评价被测物体的振型。激光多普勒振动测量可以实现单点非接触振动测量，通过扫描机构可以实现多点振动测量。数字散斑图像相关全场振动测量通过高速动态采集被测物体表面随机散斑图像，采用数字图像相关方法，实现全场应变、位移或振动位移测量。基于相位的视频运动放大的振动测量可以根据简单的被测物体的动态视频，即可实现物体的低频振动测量。本章将主要阐述以上几种先进振动测量技术的原理与应用。

6.1　全息干涉振动测量

全息干涉法是利用全息照相获得物体变形前后的光波波阵面相互干涉所产生的干涉条纹图，以分析物体变形的一种干涉量度方法。对激光全息干涉图像进行均时处理，可分析被测物体的振型与振幅。

6.1.1　激光全息干涉基础

存在两路频率 f 相同的相干光投射到记录介质（全息干板或相机成像面）上。这两路光为发自同一个相干光源 S，一路光 S_1 为来自相干光源的直达光，其复振幅记为 $E_1(P)$；另一路为相干光源直接照射被测物体 O 表面 P 点的反射光 S_2，其复振幅记为 $E_2(P)$。图 6.1 为其光路示意图。投射到记录介质 I 的相干光的复振幅分别为

$$E_1(P) = E_{01}(P)e^{i\phi(P)} \tag{6.1}$$

$$E_2(P) = E_{02}(P)e^{i[\phi(P)+\Delta\phi(P)]} \tag{6.2}$$

式中，$E_{01}(P)$ 和 $E_{02}(P)$ 分别为光波 S_1 和 S_2 的振幅，$\phi(P)$ 是参考激光光波到达检测介质的波前相位，$\Delta\phi(P)$ 是光波 S_2 与参考光波 S_1 的在记录介质 I 处的波前相位差。对于这两路相干光，其合成复振幅为

$$E(P) = E_1(P) + E_2(P) = E_{01}(P)e^{i\phi(P)} + E_{02}(P)e^{i[\phi(P)+\Delta\phi(P)]} \quad (6.3)$$

这时其光强分布为

$$I(P) = \left|E(P)\right|^2 = \left\{E_{01}(P)e^{i\phi(P)} + E_{02}(P)e^{i[\phi(P)+\Delta\phi(P)]}\right\}\left\{E_{01}(P)e^{-i\phi(P)} + E_{02}(P)e^{-i[\phi(P)+\Delta\phi(P)]}\right\}$$

$$= I_1(P) + I_2(P) + \sqrt{I_1(P)I_2(P)}\left[e^{-i\phi(P)} + e^{-i\Delta\phi(P)}\right]$$

$$= I_1(P) + I_2(P) + 2\sqrt{I_1(P)I_2(P)}\cos\left[\Delta\phi(P)\right] \quad (6.4)$$

如果两路相干光的振幅相等，即 $E_{01}(P) = E_{02}(P)$，则有

$$I(P) = 2I_1(P)\{1 + \cos[\Delta\phi(P)]\} \quad (6.5)$$

式（6.4）与式（6.5）中的相位变化 $\Delta\phi$ 是干涉相位差，反映了被测物体表面与参考表面的相对变化量。当干涉相位差较小时，式（6.4）反映的光强分布将呈现余弦调制的亮暗条纹特征。其中，亮条纹中心对应的干涉相位为 $2n\pi$，$n \in \mathbf{N}$，而暗条纹中心对应的干涉相位为 $2(n+1)\pi$，$n \in \mathbf{N}$。利用这一特性，即可实现高精度的激光振动测量，如全息干涉法、激光散斑法、云纹干涉法及激光多普勒测振法等。

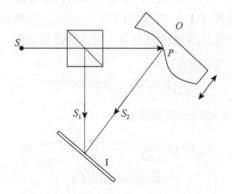

图 6.1　激光全息干涉原理光路示意图

6.1.2　时间平均全息干涉法与振型测量

时间平均全息（time average holography）是指用全息照相对周期变化的物体长时间曝光以获得全息记录。该方法由 Powel 与 Stetson 于 1965 年提出，常用于具有表面反射特征物体的机械振动测量。当相干激光以一定入射角照射简谐振动物体表面时，其干涉相位差将呈现周期变化，可表示为

$$\Delta\phi(P)\sin(\omega t) \quad (6.6)$$

式中，ω 为物体振动角频率，$\Delta\phi(P)$ 对应物体在 P 点最大振幅时的干涉相位差。当对物体 P 点的激光入射与观察方向均与物体振动方向保持一致时，因物体最大振幅 $Z(P)$ 引起的干涉相位差为 $\Delta\phi(P) = 4\pi Z(P)/\lambda$。根据式（6.5），实时余弦条纹光强分布为

$$I(P,t) = 2I_1(P)\{1 - \cos[\Delta\phi(P)\sin(\omega t)]\} \tag{6.7}$$

如果物体振动角频率 ω 足够高，通过人眼观察（人眼平均响应时间 t 为 0～40 ms）或全息干板积分成像，且将会产生平均光强分布，可表示为

$$
\begin{aligned}
I(P) &= 2I_1(P)\lim_{T\to\infty}\frac{1}{T}\int_0^T \{1 - \cos[\Delta\phi(P)\sin(\omega t)]\}\mathrm{d}t \\
&= 2I_1(P)\{1 - J_0[\Delta\phi(P)]\}
\end{aligned}
\tag{6.8}
$$

式中，J_0 为第一类贝塞尔函数，干涉相位差第一类贝塞尔函数可表示为

$$J_0(\Delta\phi) = \frac{1}{2\pi}\int_0^{2\pi}\cos(\Delta\phi\sin t)\mathrm{d}t \tag{6.9}$$

但式（6.9）表示光强分布图像对比较低。为了提高全息图像对比度，常直接用相干光照射振动物体表面，并用全息干板观察振动物体反射图像，即全息干板仅由相干反射光 S_2 照射（图 6.1）。当观察时间 T 远远超过物体简谐振动周期时，即 $T \gg 2\pi/\omega$，时间平均全息图像将会形成。物体简谐振动时，全息干板记录的实时光强分布为

$$I_2(P,t) = E_{02}(P)\mathrm{e}^{\mathrm{i}\Delta\phi(P)\sin(\omega t)} \tag{6.10}$$

积分成像后全息干板上形成的干涉波前为

$$
\begin{aligned}
E_{av}(P) &= \lim_{T\to\infty}\frac{E_{02}(P)}{T}\int_0^T \mathrm{e}^{\mathrm{i}\Delta\phi(P)\sin(\omega t)}\mathrm{d}t \\
&= E_{02}(P)J_0[\Delta\phi(P)]
\end{aligned}
\tag{6.11}
$$

全息干板积分形成的光强分布为

$$I(P) = I_2(P)J_0^2[\Delta\phi(P)] \tag{6.12}$$

式中，$J_0^2[\Delta\phi(P)]$ 为干涉相位差第一类贝塞尔函数平方强度分布，如图 6.2 所示。显然，干涉相位差为 0 时，对应全息图像最亮位置，也对应物体模态振动的节点。而暗条纹中心对应干涉相位差第一类贝塞尔函数为零时的物体振幅。振动体上振幅为零处的"波节点"，显现出清晰明亮的节线；其余各点则随振幅和相位的不同，形成和等幅线极其相似的条纹分布。此法的优点是可以测量节线、振幅分布、振型和振幅值。时间平均全息干涉法的缺点是不能测量振动相位，干涉条纹的对比度随振幅的增加而急剧降低，以及可测的振幅范围较窄。

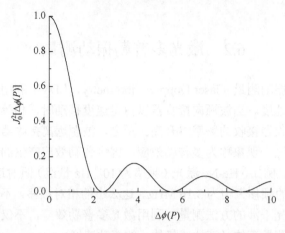

图 6.2　干涉相位差第一类贝塞尔函数平方强度分布

图 6.3 和图 6.4 分别是不同激励频率下 35 mm 胶片筒底部时间平均全息图和吉他模态振动的时间平均全息图。其中亮条纹对应模态振动的节线。

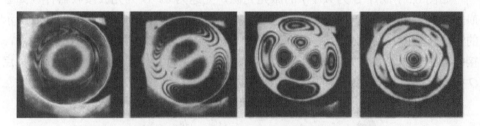

图 6.3　不同激励频率下 35 mm 胶片筒底部的时间平均全息图

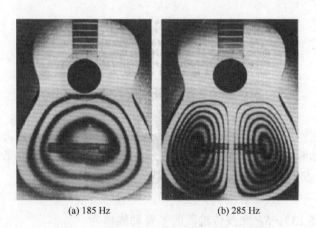

(a) 185 Hz　　　　　　　(b) 285 Hz

图 6.4　吉他模态振动的时间平均全息图

6.2　激光多普勒振动测量

激光多普勒振动测量（laser Doppler vibrometry，LDV）利用激光多普勒效应测量物体的振动速度。当波源向接收器以恒定速度移动时，相等时间内接收的波数相同，因而接收器接收的频率将升高；反之，波源远离接收器时，接收器接收的频率将降低。这一现象称为多普勒效应。因多普勒效应产生的频移相对于激光波长来说相当小，例如，He-Ne 激光（频率为 10^{14} Hz 量级）照射运动速度为 1 m/s 的目标时，产生的频移大约为 3.16 MHz。这么小的相对频移，不能用频谱分析提取，需要采用激光干涉的方法测量。利用激光多普勒效应，不仅能测量固体的振动速度，也可以测量流体（液体或气体）的流动速度。

6.2.1　激光多普勒测振原理

如图 6.5 所示，S 为频率 f 的激光光源，光速为 c。O 为光波接收器件（如雪崩式光电二极管），P 为速度为 v 的运动质点，且能反射光波。显然，图 6.5 所示的光波传输中，会发生两次多普勒频移。首先，运动质点 P 可看作运动观察点，接收静止光源 S 发出的光波。其次，运动质点 P 又可看作运动光源，而在观察点 O 接收运动质点 P 反射出的光波。

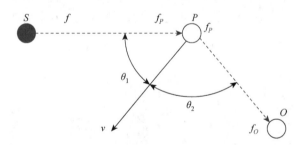

图 6.5　光源 S 与观察点 O 之间的多普勒效应

考虑光波传输方向 SP 产生的多普勒效应，运动质点 P 在该方向的投影速度为 $|v|\cos\theta_1$，光源 S 发出的光波频率可表示为 $f = c/\lambda$。因多普勒效应引起的速度叠加，运动质点 P 感受的光波频率为

$$f_P = (c + |v|\cos\theta_1)/\lambda \qquad (6.13)$$

根据式（6.13），SP 光波传输段的多普勒频移为

$$\Delta f_1 = |v|\cos\theta_1/\lambda \qquad (6.14)$$

同理，PO 光波传输段的多普勒频移为

$$\Delta f_2 = |v|\cos\theta_2 / \lambda \tag{6.15}$$

综合两次多普勒频移，总的多普勒频移可表示为

$$f_D = \Delta f_1 + \Delta f_2 = |v|(\cos\theta_1 + \cos\theta_2)/\lambda$$
$$= 2|v|\left\{\cos\left[\frac{(\theta_1 + \theta_2)}{2}\right]\cos\left[\frac{(\theta_1 - \theta_2)}{2}\right]\right\}\bigg/\lambda \tag{6.16}$$

激光多普勒测振仪的激光光源与接收器可视为处于同一位置。如图 6.6 所示，光源 S 与观察点 O 位置重合，接收器接收运动质点 P 的同向反射光波。这种情况下，存在 $\theta = \theta_1 = \theta_2$，式（6.16）可改写为

$$f_D = 2v\cos\theta / \lambda \tag{6.17}$$

显然，运动质点 P 振动速度在 SP 方向上的投影速度为 $v_B = v\cos\theta$，这也是激光多普勒测振仪测量的速度。式（6.17）进一步改写为

$$f_D = 2v_B / \lambda \tag{6.18}$$

根据式（6.18），激光多普勒振动测量方法可以测量激光光束方向上的物体振动速度。

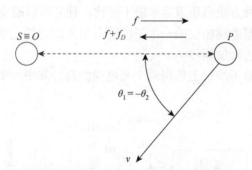

图 6.6　激光同向反射振动测量的多普勒效应

6.2.2　激光多普勒测振仪光学原理

利用以上激光多普勒测振原理在积分探测器（如光电探测器）上得到两路不同相位相干光波的相干光强分布，其拍频是多普勒频移 f_D。为了检测该频移，须采用相干光干涉仪。图 6.7 是迈克尔逊干涉仪示意图，其中 PD 是指光电探测器，BS 是指分光棱镜。激光器发出的激光光波 $E = A\mathrm{e}^{\mathrm{i}\omega t}$ 通过一个分光棱镜分成两路光波，一路为测量光波 $E_M = A_M\mathrm{e}^{\mathrm{i}(\omega t - \theta_M)}$，另一路为参考光波 $E_R = A_R\mathrm{e}^{\mathrm{i}(\omega t - \theta_R)}$。考虑到迈克尔逊干涉仪干涉臂的对称特征，两路光波的光强相同。参考式（6.5），PD 上的光强分布可表示为

$$I \propto \left| E_{\mathrm{TOT}}^2 \right| = \mathrm{Re}^2 + \mathrm{Im}^2 \tag{6.19}$$

$$= \frac{1}{2} A^2 [1 + \cos(\theta_R - \theta_M)]$$

式中，E_{TOT} 表示光电探测器上的全光场分布，Re 表示其实部，Im 表示其虚部，$E_{\mathrm{TOT}} = E_R + E_M$。显然，式（6.19）与光源激光频率 $f = \omega/(2\pi)$ 没有关系，仅与光波干涉相位差有关。如果到达光电探测器的测量光波光强与参考光波光强不相等，并定义外差效率 ε（与光束对准/光学失真引起的动态信号衰减有关），则光电探测器上的光强分布可表示为

$$I(t) \propto \left| E_R + E_M \right|^2$$

$$\propto A_M^2 + A_R^2 + 2\varepsilon A_M A_R \cos(2\pi f_D t + \theta_R - \theta_M) \tag{6.20}$$

$$\propto I_M + I_R + 2\varepsilon \sqrt{I_M I_R} \cos(2\pi f_D t + \theta_R - \theta_M)$$

式中，I_M 与 I_R 分别为到达光电探测器的测量光波与参考光波的光强。式（6.20）的前两项均为常数，对应信号的直流成分，通过信号交流耦合输出即可去除。由于被测物体振动时，其振动速度的符号会发生变化，对应的多普勒频移 f_D 也会发生相应符号变化。式（6.20）中的余弦信号特征，使得不能根据多普勒频移 f_D 确定振动方向。有两种方法修正迈克尔逊干涉仪，使其可以确定振动方向。

（1）在激光多普勒测振仪的一个干涉臂上引入固定的光学频移，例如，使用布拉格声光器件引入附加频移 f_B。

（2）在迈克尔逊干涉仪上使用两个光电探测器，其中一个光电探测器前使用一个 $\lambda/4$ 波片。

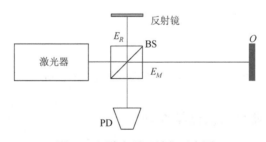

图 6.7　迈克尔逊干涉仪示意图

如图 6.8（a）所示为采用第一种方法克服振动速度方向辨识困境的改进迈克尔逊干涉仪，其中，在参考光束上插入了一个布拉格声光器件。这种外差（heterodyne）迈克尔逊干涉仪输出光强信号可表示为

$$I(t) = A_M^2 + A_R^2 + 2\varepsilon A_M A_R \cos[2\pi(f_B \pm f_D)t + \theta_R - \theta_M] \tag{6.21}$$

式中，f_B 为布拉格声光器件产生的频移，是一个确定值。显然，输出信号的调制频率为 $f_B \pm f_D$。因此，当振动速度 $v = 0$ 时，输出信号的调制频率为 f_B。而当

$f_B \pm f_D \geqslant 0$ 时，正负振动速度唯一对应一个由 $f_B \pm f_D$ 决定的调制频率，振动速度方向的确定就不会存在歧义。

如图 6.8（b）所示为采用第二种方法克服振动速度方向辨识困境的改进迈克尔逊干涉仪。该方案使用了两个光电探测器和一个 $\lambda/4$ 波片，并可输出两个相差 $90°$ 的光强信号 s_I 和 s_Q，下标 I 表示同相（in-phase），Q 表示正交（quadrature）。两个光电探测器上的输出信号可表示为

$$s_I \propto A_M A_R[1 + \cos(2\pi f_D t)]$$
$$s_Q \propto A_M A_R[1 + \sin(2\pi f_D t)] \tag{6.22}$$

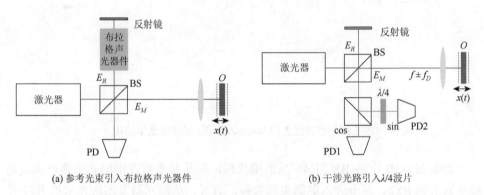

(a) 参考光束引入布拉格声光器件　　　　　　　(b) 干涉光路引入 $\lambda/4$ 波片

图 6.8　改进的迈克尔逊干涉仪（可辨识速度方向）

根据式（6.22），振动速度为正时，两个输出信号的相位关系有 $s_I \propto +\cos$ 和 $s_Q \propto +\sin$，而振动速度为负时，两个输出信号的相位关系有 $s_I \propto +\cos$ 和 $s_Q \propto -\sin$。显然，可以根据两个输出信号的相位关系辨识多普勒频移 f_D 的符号。图 6.9 是用于这种零差（homodyne）迈克尔逊干涉仪的硬件电路相移方法。图 6.8（b）中 PD1 和 PD2 频率为 ω_S 的余弦与正弦信号（可通过交流耦合输出）分别与两个频率为 ω_C 的载波信号相乘。这两个载波信号有 $90°$ 相移。两路相乘信号相加后，即得到频差为 $\omega_S - \omega_C$ 的调制信号，解调后所得信号与振动速度相关。

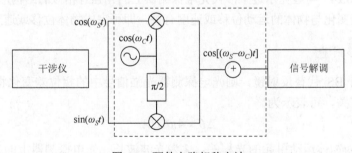

图 6.9　硬件电路相移方法

6.2.3　Mach-Zehnder 激光多普勒测振仪原理与应用

商用的激光多普勒测振仪大多采用外差 Mach-Zehnder 干涉仪光学结构。图 6.10 是零差配置的 Mach-Zehnder 干涉仪光学结构。

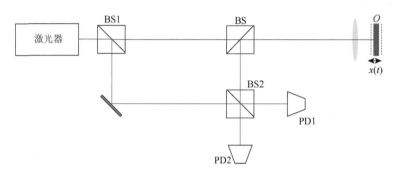

图 6.10　零差配置的 Mach-Zehnder 干涉仪光学结构

如果图 6.10 中的 BS 用 45°反射镜代替，则从激光器发出的光束将被该反射镜全发射到 BS2，而不会入射到被测物体。这时，从激光器发出的光束被 BS1 分光后又在 BS2 聚合。PD2 信号可表示这两束光的合成，为

$$E_{\text{TOT}} = \frac{1}{4} A \left[\mathrm{e}^{\mathrm{i}(\omega t - \theta_1)} + \mathrm{e}^{\mathrm{i}(\omega t - \theta_2)} \right] \tag{6.23}$$

式中，θ_1 与 θ_2 为这两束光波的初相位。参考式（6.19）的推导，可得 PD2 上的光强为

$$\begin{aligned} I \propto \left| E_{\text{TOT}}^2 \right| &= \mathrm{Re}^2 + \mathrm{Im}^2 \\ &= \frac{1}{8} A^2 \left[1 + \cos(\theta_2 - \theta_1) \right] \end{aligned} \tag{6.24}$$

显然，式（6.24）与迈克尔逊干涉仪光电探测器上的光强有相似的结构形式。因此，只要相位差变化与物体的运动位移或速度有关，即可完成物体位移或速度的测量。

1. 位移测量

如果用 BS 代替反射镜，则光电探测器光强信号中的相位差变化将与物体运动的位移有关，可表示为

$$\Delta \theta = 4\pi \Delta x / \lambda \tag{6.25}$$

式中，Δx 为物体运动引起的光程差，λ 为光波波长。光电探测器上的光强信号 s 的输出动态信号可表示为

$$s = KA^2 \cos(4\pi\Delta x/\lambda) \qquad (6.26)$$

式中，系数 K 为常数。信号 s 达到最大值的条件为 $\cos(4\pi\Delta x/\lambda) = 1$，即

$$\Delta x = n\lambda/2, \quad n = 0,1,\cdots,N \qquad (6.27)$$

物体运动位移 $\lambda/2$ 时，光电探测器信号 s 波动一个周期。根据条件式（6.27），物体运动位移可通过对信号 s 波动周期计数进行计算。当物体以常速度运动时，输出动态信号 s 将是一个余弦信号。

2. 速度测量

根据正反射情况下的多普勒效应，多普勒频移可表示为

$$f_D = 2v/\lambda \qquad (6.28)$$

式（6.28）代入式（6.25），得到输出信号相位差与多普勒频移的关系

$$\Delta\theta = 4\pi vt/\lambda = 2\pi f_D t \qquad (6.29)$$

式（6.26）表示的光电探测器输出动态信号可改写为

$$s = KA^2 \cos(2\pi f_D t) \qquad (6.30)$$

因为余弦函数的特性，图 6.10 所示的零差配置 Mach-Zehnder 干涉仪不能解决振动速度符号困境。

3. 外差 Mach-Zehnder 干涉速度测量

在图 6.10 零差配置 Mach-Zehnder 干涉仪的基础上，通过在参考干涉臂插入布拉格声光器件，参考光波额外产生一个频移 f_B，构建外差干涉仪。图 6.11 是所构建的外差 Mach-Zehnder 激光多普勒测振仪。与外差迈克尔逊干涉仪一样，引入固定的光波频移 f_B，可以解决振动速度方向的辨识问题。同时，为了进一步提高信号强度，图 6.11 所示的干涉光学系统中引入了两个偏振分光棱镜（PBS）和一个 $\lambda/4$ 波片，可以有效隔离两个干涉光束。图中 PD1 与 PD2 上的动态信号相位差为 180°，因此，其输出动态信号可分别表示为

$$s_1(t) = \left(\left\{ R^2 + S^2 - 2RS \cos[(\omega_B \pm \omega_D)t + \theta_2 - \theta_1] \right\} \right) \qquad (6.31)$$

$$s_2(t) = \left(\left\{ R^2 + S^2 + 2RS \cos[(\omega_B \pm \omega_D)t + \theta_2 - \theta_1] \right\} \right) \qquad (6.32)$$

式中，R、S 分别表示到达两个光电探测器的光波幅值，$\omega_D = 2\pi f_D$，$\omega_B = 2\pi f_B$。两个输出动态信号经差分放大器（图 6.11）处理后的输出动态信号可表示为

$$e(t) = A(s_2 - s_1) = 4RS \cos[(\omega_B \pm \omega_D)t + \theta_2 - \theta_1] \qquad (6.33)$$

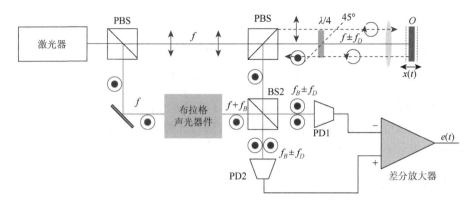

图 6.11　外差 Mach-Zehnder 激光多普勒测振仪

布拉格声光器件的典型频移 $f_B = 40\,\mathrm{MHz}$，因此，He-Ne 激光多普勒测振仪的最大测量速度为 $f_B\,\lambda/2 \approx 12.7\,\mathrm{m/s}$。

4. 测量应用

　　激光多普勒测振仪具有传统接触振动测试仪器无法比拟的优点，其可用于高温物体振动、微振动（如纳米级振动位移）、旋转轴振动测量。当采用激光多普勒测振仪对光滑旋转轴（形状误差与表面粗糙度足够小）的振动进行测量时，需要考虑多种因素对测量结果的影响。如图 6.12 所示，激光多普勒测振仪激光光源发出激光，需要穿过旋转轴中心。但实际安装调整时，因对准较为困难，常常存在一个偏距 e。这时，激光光束投射到光滑旋转轴的 P 点。假定旋转轴在 P 点仅有径向振动，那么，P 点的振动速度应由旋转轴在 P 点切向速度与其法向振动速度合成。显然，激光多普勒测振仪测的振动速度，可表示为

$$v = v_t \sin\theta + v_n \cos\theta \tag{6.34}$$

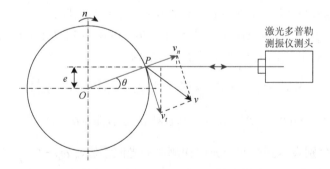

图 6.12　使用激光多普勒测振仪测量光滑旋转轴振动示意图

　　显然,实际测得的振动速度 v 与旋转轴的切向速度 v_t 和法向振动速度 v_n 有关,且通过角度 θ 耦合。

　　为了判别电梯曳引机刹车盘共振激励源,需要测量曳引机输出轴旋转时的振动。图 6.13(a)是采用 Polytec OFV-505 单点激光多普勒测振仪测量曳引机的现场测试图,其中,测点位置所在圆环贴反光纸。图 6.13(b)为振动速度测量结果,其中,上图是曳引机启动阶段的振动速度信号,中图是稳态运行时的振动速度信号,下图为稳态信号的傅里叶频谱。图 6.13(b)上图信号斜坡趋势反映了转速逐渐提高,而中图信号围绕一常量波动,反映了振动信号中含有转速特征。

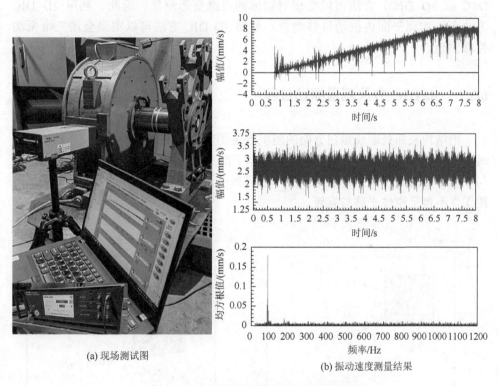

(a) 现场测试图

(b) 振动速度测量结果

图 6.13　曳引机输出轴旋转的振动测量

6.3　数字散斑相关全场振动测量

　　对传统的结构进行全场振动测试,采用稀疏的"点"振动测试技术,如基于加速度传感器振动测试技术、激光多普勒振动测量技术,其测试模型大小受到成本、技术的限制,不能满足现代实验模态测试对测试模型大小的要求。其他的全场光学振动测试方法,如散斑剪切变形、电子散斑模式干涉和全息干涉可用于全场振动测量，虽然具有很好的全场振动测试特性，但这些方法存在很难定量或测量精度不高、只能实现单轴的振动测量的问题。这些传统的方法共同的缺点是无法或不能经济地获取被测物体表面的全场振动。

　　数字散斑相关（digital speckle correlation，DSC）方法，又称为数字图像相关（digital image correlation，DIC）方法，是一种基于物体表面散斑图像灰度特征分析，从而获得物体运动和变形信息的新型光测量方法。一般使用单个摄像机的二维数字散斑相关（2D DSC 或 2D DIC）方法只能得到平面物体在载荷作用下其表面的面内位移信息。将 2D DIC 方法拓展到三维数字散斑相关（3D DSC 或 3D DIC）方法可以实现对物体的三维变形测量。因此，利用 2D DIC 方法可以实现平面内振动位移测量，利用 3D DIC 方法可以实现全场三维振动位移测量。

6.3.1　3D DIC 方法测量振动位移

　　把结构表面处理成黑白分明的随机散斑图像（如采用雾状喷漆）。当结构振动时，结构表面的散斑图像将产生变形。以平面变形为例，图 6.14 描述了子区形状与子区中心的变形关系。显然，变形后目标子区的形状已不再是方形，即子区散斑图像不再是刚体平移与旋转。

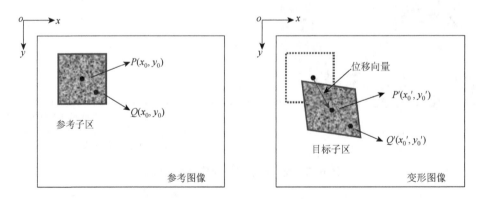

图 6.14　散斑图像参考及目标子区变形前后的关系图

变形后目标子区图像中点 $Q'(x_i', y_i')$ 坐标可表示为

$$\begin{cases} x_i' = x_i + \xi(x_i, y_j) \\ y_j' = y_j + \eta(x_i, y_j) \end{cases} \quad (i, j = -M : M) \tag{6.35}$$

式中，$\xi(x_i, y_j)$ 与 $\eta(x_i, y_j)$ 均为形函数。一阶形函数可表示为

$$\xi_1(x_i, y_j) = p_0 + p_1 \Delta x + p_2 \Delta y$$
$$\eta_1(x_i, y_j) = p_4 + p_5 \Delta x + p_6 \Delta y \qquad (6.36)$$

二阶形函数可表示为

$$\xi_2(x_i, y_j) = p_0 + p_1 \Delta x + p_2 \Delta y + p_{xx} \Delta x^2 + p_{yy} \Delta y^2 + p_3 \Delta x \Delta y$$
$$\eta_2(x_i, y_j) = p_4 + p_5 \Delta x + p_6 \Delta y + p'_{xx} \Delta x^2 + p'_{yy} \Delta y^2 + p_7 \Delta x \Delta y \qquad (6.37)$$

式（6.36）与式（6.37）中的 p 为形函数参数。如果忽略参数径向变形，则 $p_{xx} = p_{yy} = 0$，$p'_{xx} = p'_{yy} = 0$。二阶形函数的 p 参数对应子区平移、拉伸、剪切和梯形失真变形，如图 6.15 所示。

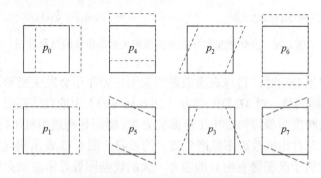

图 6.15　形函数参数（平移、拉伸、剪切与梯形失真）

3D DIC 方法利用双目立体视觉及 2D DIC 方法位移测量方法，实现对被测物体的三维形貌重建与全场变形测量。因此，采用同步图像采集的双目高速相机，即可构建全场三维振动位移测量系统。如图 6.16 是立体视觉数字散斑图像相关振动位移测量原理图。对于空间中的点 P_w，可以通过立体视觉中的三角几何关系及立体匹配技术，测量目标点 P_w 的空间坐标。其中，根据图 6.16（a），立体视觉中左右相机图像对应点的三角关系可用下列关系表达

$$P_l = K_l T_l \tilde{P}_w$$
$$P_r = K_r T_r \tilde{P}_w$$
$$T_r = T_l T \qquad (6.38)$$
$$\tilde{P}_r^{\mathrm{T}} F_{3\times3} \tilde{P}_l = 0$$

式中，P_l 为线 $O_1 P_w$ 与左图像平面交点 P_l 的坐标表达，P_r 为线 $O_2 P_w$ 与右图像平面交点 P_r 的坐标表达，而 $\tilde{P}_l$ 与 $\tilde{P}_r$ 分别为其齐次坐标表达；P_w 为点 P_w 在世界坐标系 C_w 下的坐标表达，$\tilde{P}_w$ 为其齐次坐标表达；K_l 与 K_r 分别为左、右相机的内参矩阵；T_l、T_r 与 T 是坐标系 C_l、C_r 和 C_w 之间的投射矩阵；$F_{3\times3}$ 为双目立体视觉系统的基本矩阵。

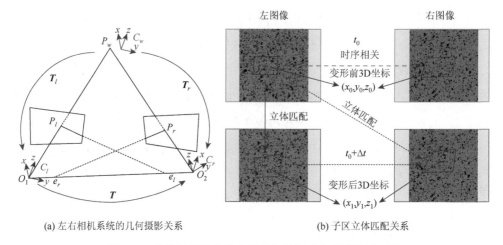

(a) 左右相机系统的几何摄影关系　　　　　　　(b) 子区立体匹配关系

图 6.16　立体视觉数字散斑图像相关振动位移测量原理图

　　当目标产生振动时，目标表面散斑图像因应力作用会发生变形。为保证目标点 3D 位置准确测量，对 3D DIC 方法［图 6.16（b）］中的立体匹配、左右相机序列图像匹配的精度与鲁棒性提出了更高的要求。特别是高速相机不同的观测视角、光照变化，使左右相机散斑图像产生较大的差异。图 6.17 表示相同目标测点，左右相机观测到的子区图像有明显的差异。大的视差图像异常波动会引起测量性能恶化。针对这一双目高速成像中的瓶颈问题，可把标准的匹配准则平方差和（sum of square difference，SSD）扩展为鲁棒性更好的图像相关匹配准则。通过引入 Geman-McClure 正则项，SSD-鲁棒相关匹配准则可构建如下

$$C(\boldsymbol{p}) = C_{\mathrm{SSD}}(\boldsymbol{p}) + \mu_s C_s(\boldsymbol{p}) \tag{6.39}$$

式中，μ_s 为正则系数，$\boldsymbol{p}$ 为形函数参数向量，$C_{\mathrm{SSD}}(\boldsymbol{p})$ 为 SSD 相关匹配函数，可表示为

$$C_{\mathrm{SSD}}(\boldsymbol{p}) = \sum_{i=-N}^{N} \sum_{j=-N}^{N} \left[f(x_i, y_j) - g(x_i, y_j, \boldsymbol{p}) \right]^2 \tag{6.40}$$

式中，函数 $f(x_i, y_j)$ 与 $g(x_i, y_j, \boldsymbol{p})$ 分别为 3D DIC 子区图像配置中变形前后的图像像素值提取函数。而 $C_s(\boldsymbol{p})$ 为 Geman-McClure 正则项，为

$$C_s(\boldsymbol{p}) = \sum_{i=1}^{6} \sum_{k=1}^{8} (p_i - p_{ik})^2 [\delta_i + (p_i - p_{ik})^2]^{-1} \tag{6.41}$$

式中，p_i 为一阶形函数位移系数，p_{ik}（$i = 1, 2, \cdots, 6$；$k = 1, 2, \cdots, 8$）表示所分析子区的 8 个相连通的子区对应的位移分量，δ_i（$i = 1, 2, \cdots, 6$）表示形状参数。

　　采用 Welsch 估计函数替换 SSD 函数，修改式（6.39），可构建 Welsch 标准差（SWD）-鲁棒相关匹配准则如下

$$C(\boldsymbol{p}) = C_{\mathrm{W}}(\boldsymbol{p}) + \mu_s C_s(\boldsymbol{p})$$

$$= \sum_{i=-N}^{N}\sum_{j=-N}^{N}\delta_D^2\left[1-\mathrm{e}^{-\left[f(x_i,y_j)-g(x_i,y_j,\boldsymbol{p})\right]^2/\delta_D^2}\right]\bigg/2 + \mu_s\sum_{i=1}^{6}\sum_{k=1}^{8}\frac{(p_i-p_{ik})^2}{\delta_i+(p_i-p_{ik})^2} \qquad (6.42)$$

利用式（6.39）或式（6.42）构建 $\min C(\boldsymbol{p})$ 优化问题，采用牛顿-拉弗森方法迭代求解最优解 $\boldsymbol{p}$，迭代过程表示如下：

$$\boldsymbol{p}^t = \boldsymbol{p}^{t-1} - \boldsymbol{H}^{-1}(\boldsymbol{p}^{t-1})\nabla(\boldsymbol{p}^{t-1}) \qquad (6.43)$$

式中，$\boldsymbol{H}^{-1}(\boldsymbol{p}^{t-1})$ 与 $\nabla(\boldsymbol{p}^{t-1})$ 分别是第 $t-1$ 次迭代的海塞矩阵和雅可比矩阵。

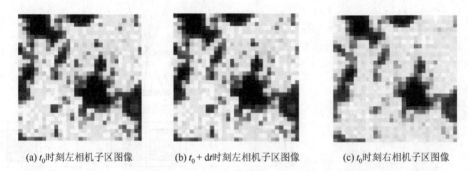

(a) t_0 时刻左相机子区图像　　　(b) $t_0+\mathrm{d}t$ 时刻左相机子区图像　　　(c) t_0 时刻右相机子区图像

图 6.17　不同视角引起的相同目标位置子区左右相机图像的差异

双目高速成像数字散斑相关振动测量要求左右相机图像高速同步采集。该要求对硬件性能要求较高，因而测试系统成本较高。图 6.18 是采用单相机的 3D DIC 系统方案，包括衍射光栅方案、双棱镜方案、反射镜组方案和彩色相机与反射镜组合方案。这几种方案均通过附加光学附件，使得单相机图像可重建出虚拟的两个左右相机图像。采用以上基于双目立体视觉的 3D DIC 方法即可实现 3D 全场振动测量。

6.3.2　测量应用

图 6.19 是 SSD-鲁棒与 SWD-鲁棒 3D DIC 振动测量实验系统。振动测量系统的模态中，采用美国 MB Dynamics 公司的激振器 Modal 50A，其最大行程为 25 mm，最大激励力为 220 N，带宽为 5 kHz。信号发生器输出的激励信号经线性功率放大器功率放大化驱动激振器产生激励力。双目高速相机为 AOS 公司的 CMOS 高速相机（配套尼康镜头）。CMOS 相机性能指标为：分辨率为 1080×1024，像素尺寸为 14 μm，最高帧率为 500 fps，镜头为 Nikkor AF 28 mm f/2.8 D，焦距为 28 mm，光圈为 2.8-22，工作距离为 600 mm，视场为 300 mm×300 mm。基准位移测量仪器为双频激光干涉仪 Renishaw XL-80。被测目标为 300 mm×300 mm×2 mm 的钢板，其表面预先喷有白底黑色散斑点，平板背面由激振器激励。

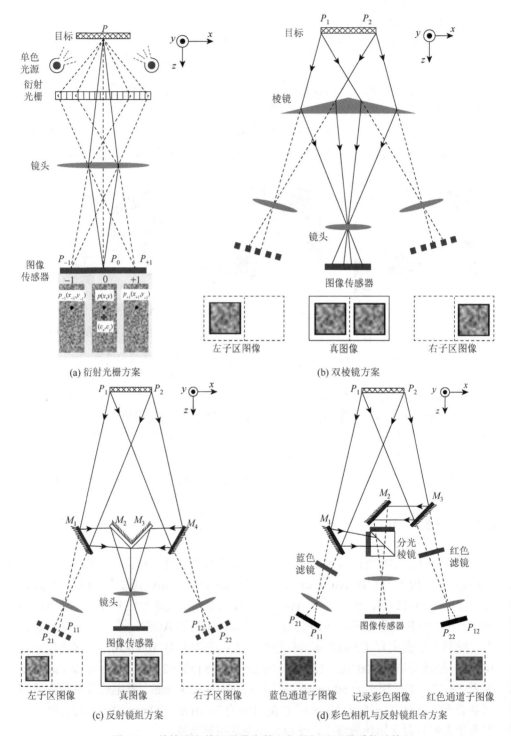

(a) 衍射光栅方案　　　　　　　　　　　(b) 双棱镜方案

(c) 反射镜组方案　　　　　　　(d) 彩色相机与反射镜组合方案

图 6.18　单镜头立体视觉数字散斑相关振动测量系统结构

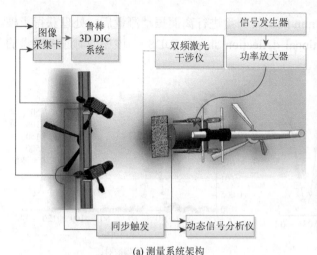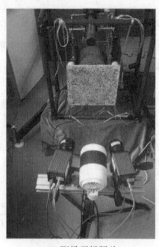

(a) 测量系统架构　　　　　　　　　　　　(b) 测量现场照片

图 6.19　3D DIC 振动测量实验系统

以 45 Hz 简谐激励平板,双目高速相机同步采集图像,同时,双频激光干涉仪同时进行平板离面振动测量。对采集的数字散斑图像添加均值为 0、方差为 0.1 的高斯噪声(相对于振幅为 1mm),分别在三种正则系数 $\mu_s = 0$、$\mu_s = 50$ 和 $\mu_s = 100$ 下,采用 SSD-鲁棒方法与 SWD-鲁棒方法进行分析。平板全场离面振动位移结果如图 6.20 所示。显然,SSD-鲁棒方法采用 $\mu_s = 50$ 或 $\mu_s = 100$ 能更好地抑制噪声对振动测量的影响。图 6.21 给出了 SSD-鲁棒方法与双频激光干涉仪的测量结果对比。根据图中时域及频域的测量结果,SSD-鲁棒 3D DIC 方法具有较高的测量精度。

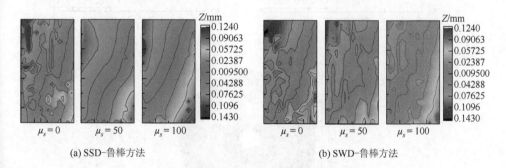

(a) SSD-鲁棒方法　　　　　　　　　　　　(b) SWD-鲁棒方法

图 6.20　强噪声情况下的离面振动测量

采用双目立体视觉 3D DIC 方法也可以完成静态或旋转结构的实验模态测试与分析。为了实现旋转结构的振动测量,需要对散斑图像序列进行运动分离,消除刚体平移与旋转运动分量,保留与激励变形相关的弹性变形运动分量。采用 3D

DIC 方法，对转速为 4 800 r/min 的旋转圆盘进行离面振动测量后，处理获得了模态频率下的工作振型（operational deflection shape，ODS）。该振型对应该圆盘的模态振型，如图 6.22 所示。

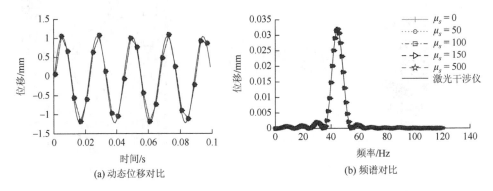

(a) 动态位移对比　　　　　　　(b) 频谱对比

图 6.21　使用 SSD-鲁棒方法与双频激光干涉仪进行离面振动测量的结果对比

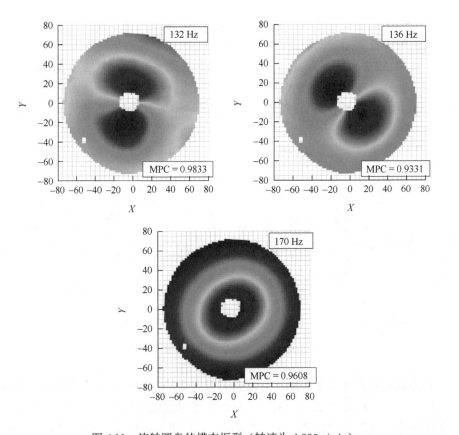

图 6.22　旋转圆盘的模态振型（转速为 4 800 r/min）

6.4　基于相位的视频运动放大的振动测量

采用视觉或视频技术实现结构微小运动或振动的非接触全场测量相比于传统的接触全场振动测量方法（如压电加速度传感测量）和其他非接触振动测量方法（如激光多普勒振动测量）在测量仪器成本低、没有附加质量效应、全场测量等方面有独到的优势。2005 年，Liu 率先提出了基于拉格朗日视角的视频微小运动放大方法，简称 LMM（Lagrangian motion magnification），但计算量大、运动跟踪与估计精度影响因素难以控制。2012 年，Freeman 教授团队基于欧拉视角提出了线性欧拉视频放大方法，简称为 EVM（Eulerian video magnification）或线性 EVM。该方法基于图像强度一致性约束，以前后图像强度进行运动估计计算，缺点是对噪声敏感、运动放大率不高。2013 年，Wadhwa 等提出了一种基于相位的视频运动放大方法，简称为 PVMM（phase-based video motion magnification）。该方法相比线性 EVM 有更好的微小运动放大性能。研究人员从提高计算速度、抑制运动干扰、人工 ROI 选择引起的边缘泄漏等方面，持续对视频运动方法进行改良，所提出的运动放大方法包括 Riesz（里斯）PVMM、动态视频运动放大（dynamic video motion magnification，DVMM）、深度感知运动放大（depth-aware motion magnification，DAMM）、欧拉视频加速度放大（Eulerian video acceleration magnification，EVAM）、基于加速度变化率的欧拉视频加速度放大（jerk-aware Eulerian video acceleration magnification，jerk-aware EVAM）和基于学习的视频运动放大（learning-based video motion magnification，learning-based VMM）。这些方法在人体皮肤颜色变化（即生理振动测量）、物体振动测量、物体形变与偏移测量等领域得到了应用。

6.4.1　光流运动测量方法

光场由场景中前景目标运动、相机移动甚至两者共同作用形成，表现为空间运动物体在图像上产生的像素相对运动。光流法主要利用视频帧序列图像上的像素随时间的变化和相邻帧图像灰度的变化确定图像上像素的运动。

假定 $I(x,y,t)$ 是 t 时刻在空间点 (x,y) 处的像素强度，经过时间 Δt，空间点位置变化为 Δx 和 Δy、亮度变化为 $I(x+\Delta x, y+\Delta y, t+\Delta t)$，按泰勒展开为

$$I(x+\Delta x, y+\Delta y, t+\Delta t) = I(x,y,t) + \frac{\partial I}{\partial x}\Delta x + \frac{\partial I}{\partial y}\Delta y + \frac{\partial I}{\partial t}\Delta t \quad (6.44)$$

假设相邻图像帧之间亮度恒定，即有

$$I(x+\Delta x, y+\Delta y, t+\Delta t) = I(x,y,t) \quad (6.45)$$

式（6.44）和式（6.45）相减，得

$$\frac{\partial I}{\partial x}\Delta x + \frac{\partial I}{\partial y}\Delta y + \frac{\partial I}{\partial t}\Delta t = 0 \tag{6.46}$$

整理后，式（6.46）改写为

$$\frac{\partial I}{\partial x}v_x + \frac{\partial I}{\partial y}v_y + \frac{\partial I}{\partial t} = 0 \tag{6.47}$$

式中，$v_x = \Delta x/\Delta t$，$v_y = \Delta y/\Delta t$，分别为目标点沿 x、y 方向的速度，又称为 $I(x,y,t)$ 的光流。

利用光流法，并结合视频运动放大方法，可以实现物体振动可视化。美国最新版 MEscope 模态分析软件已涵盖视频振动分析模块［视觉 ODS、视觉 Modal 和视觉结构动力修改（structural dynamic modification，SDM）软件分析包］，其采用光流法及视频运动放大方法实现了结构微振动裸眼观测。

6.4.2　基于相位的视频运动放大（PVMM）算法

基于相位的视频运动放大算法主要在欧拉视角下结合基于相位的光流法，对视频中的微小运动利用相位信息进行间接表示，通过处理相位信息实现对视频中运动的放大处理。其基本依据是利用傅里叶变换的时移性质，将视频图像中像素在空域的位置信息转换为频域的相位信息。利用复可控金字塔将视频图像中的局部运动信息与局部相位信息对应，从而通过对局部相位的操作实现对视频局部运动的处理（放大）。

假设有一维空域数据 $f(x)$ 为图像截面一维强度轮廓函数，表示沿图像宽度方向位置像素强度。目标图像产生全局运动 $\delta(t)$ 时，在时刻 t 时的一维图像强度轮廓可表示为一系列复正弦信号的叠加，即

$$f[x+\delta(t)] = \sum_{\omega=-\infty}^{\infty} A_\omega \mathrm{e}^{\mathrm{i}\omega[x+\delta(t)]} \tag{6.48}$$

式中，每一个子带对应一个频率 ω，A_ω 为该子带频率的信号幅值，而相位 $\omega[x+\delta(t)]$ 包含运动信息 $\delta(t)$。该运动成分可以通过与频率 ω 对应的子带滤波分离出来。通过对相位信号做时域带通滤波去除直流成分 ωx，得到对应子带的运动信息，即

$$B_\omega(x,t) = \omega\delta(t) \tag{6.49}$$

对 $B_\omega(x,t)$ 线性放大 α 倍后，加回重建得到该子带信号为

$$S_\omega(\omega,t) = A_\omega \mathrm{e}^{\mathrm{i}\omega[x+(1+\alpha)\delta(t)]} \tag{6.50}$$

式（6.50）表明子带信号 $S_\omega(\omega,t)$ 为 $(1+\alpha)$ 倍相位调制后的复正弦信号。按图 6.23 所示的复可控金字塔滤波器组由尺度与方向控制，形成 4 个方向及每个方向 4 个倍

频程（octave）尺度的滤波器组［图 6.23（b）］。对于每个方向倍频程带宽满足 2^1 比值的间隔规律；对每个方向 1/2 倍频程（half-octave）带宽满足 $2^{1/2}$ 比值的间隔规律。使用更多方向与尺度的复可控金字塔滤波器组，可获得更大的运动放大率。过大的运动放大率会引起重建后视频出现运动伪像，这是因为复可控金字塔滤波器组边界对运动放大率的限制。因此，常采用 Gabor 滤波器，构建出复可控金字塔的基函数

$$e^{-x^2/(2\sigma^2)}e^{i\omega x} \tag{6.51}$$

式中，σ 为高斯窗的标准差，ω 为复正弦函数的频率，且 σ 与 ω 的比值为定值。

对基函数本身进行平移操作时，其实是对整体进行平移。假设对基函数平移 $\delta(t)$，子带信号可表示为

$$S_\omega(x,t) = e^{-[x-\delta(t)]^2/(2\sigma^2)}e^{i\omega[x-\delta(t)]} \tag{6.52}$$

其 Gabor 小波高斯包络得到的子带信号估计为

$$S_\omega(x,t) = e^{-x^2/(2\sigma^2)}e^{i\omega[x-\delta(t)]} \tag{6.53}$$

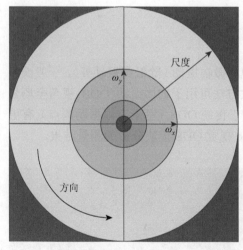

(a) 滤波器组的方向与尺度

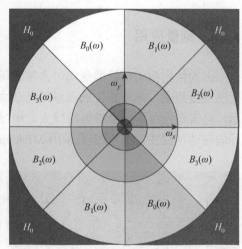

(b) 倍频程滤波器组配置

图 6.23　复可控金字塔滤波器组配置

图 6.24 所示为 PVMM 算法流程。该算法首先将图像序列进行复可控金字塔分解，得到不同尺度、不同方向及不同位置的子带信号，然后利用带通滤波提取感兴趣频段的相位信号，再将提取的相位信号进行放大处理并进行复可控金字塔重构，并与原始输入视频叠加，最终输出运动放大后的视频，实现对微小运动的可视化。

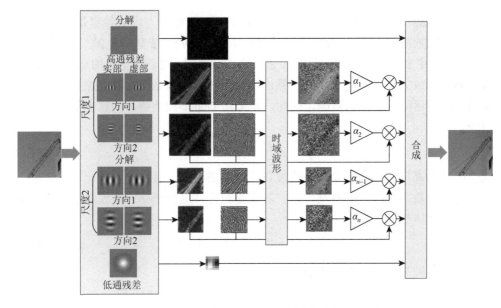

图 6.24　PVMM 算法进行视频运动放大处理框图

6.4.3　测量应用

　　因为结构振动或机器振动时常常表现为微幅振动（除低频振动外），一般裸眼无法直接察觉。基于相位的视频运动放大方法可用于物体振动 ODS 视角全场显示，可实现视角下的全场振动放大，相对于传统 ODS（基于有限振动测点）有更好的振动可视性。图 6.25 是采用 MEscope 视觉 ODS 模块分析的测量结果。

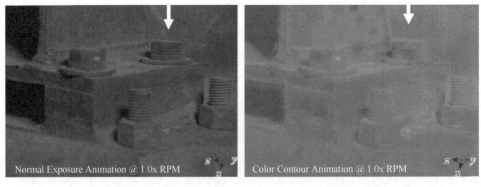

(a) 振动运动放大视频帧　　　　　　　　　　　(b) 振动彩色轮廓动画帧

图 6.25　MEscope 视觉 ODS 模块分析的测量结果

　　基于相位的视频运动放大与 3D DIC 方法结合，可以实现精确微振动测量。对表面散斑结构的悬臂板进行谐波激励，将基于相位的视频运动放大 ODS 与 3D DIC 方法结合，实现了高精度的模态振型的测量。结构第 4 阶模态频率为 4 150 Hz，而高速相机的最高采样帧率为 15 000 fps。即使采用最高帧率，第 4 阶模态振动一个周期的图像数太少，无法保证频率分辨率。为此，采用 2 000 fps 采样帧率，利用第 4 阶模态振动产生的采样混叠频率 150 Hz 成分，进行第 4 阶模态振动测量。同时，第 4 阶模态振动测量时的光圈速度设为 1/60 000 s。图 6.26 是结构第 4 阶模态振型（4 150 Hz）与有限元模态分析振型的对比。显然，采用基于相位的视频运动放大处理后，高阶微振动的振型测量精度明显提高。

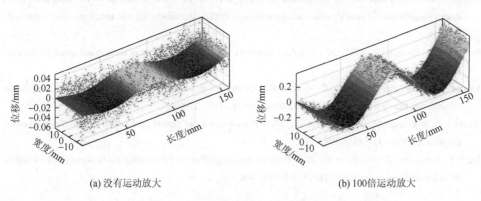

(a) 没有运动放大　　　　　　　　　　　　　　　(b) 100倍运动放大

图 6.26　结构第 4 阶模态振型与有限元模态分析振型的对比

6.5　本 章 小 结

　　相比以压电加速度传感器为代表的接触、离散测点振动测量方法，非接触、全场振动测量具有极大的优势。本章介绍了时间平均全息干涉振动测量、激光多普勒振动测量、数字散斑相关全场振动测量和基于相位的视频运动放大的振动测量。这些方法各有特点。例如，激光多普勒振动测量的测量精度高、测量距离范围大、通过扫描机构可以实现多点测量，但激光多普勒振动测量不能测量静态位移或速度。数字散斑相关可以实现全场振动测量，且可以与有限元模态分析进行无缝结合。基于相位的视频运动放大的振动测量可以放大微振动，为裸眼观测微振动提供了便捷的方法，同时，其与数字散斑相关全场振动测量结合，还能进一步提高振动测量精度。

参 考 文 献

陈教豆，2015. 基于双目高速成像与数字散斑相关方法的全场离面振动测量方法研究[D]. 广州：华南理工大学.

刘习军，贾启芬，2004. 工程振动理论与测试技术[M]. 北京：高等教育出版社.

吴秀，2019. 基于欧拉视角的视频放大方法研究[D]. 合肥：合肥工业大学.

Chen Z，Zhang X M，Fatikow S，2016. 3D robust digital image correlation for vibration measurement[J]. Applied Optics，55（7）：1641-1648.

de Silva C W，2000. Vibration：Fundamentals and practice[M]. Boca Raton：CRC Press.

Farnebäck G，2003. Two-frame motion estimation based on polynomial expansion[C]// 13th Scandinavian Conference on Image Analysis（SCIA 2003）. Berlin：Springer.

Kreis T，2005. Handbook of holographic interferometry：Optical and digital methods [M]. Weinheim：WILEY-VCH.

Liu C，Torralba A，Freeman W T，et al.，2005. Motion magnification[J]. ACM Transactions on Graphics（TOG），24（3）：519-526.

Molina-Viedma A J，Felipe-Sesé L，López-Alba E，et al.，2018. 3D mode shapes characterisation using phase-based motion magnification in large structures using stereoscopic DIC[J]. Mechanical Systems and Signal Processing，108：140-155.

Tomasini E P，Castellini P，2020. Laser Doppler vibrometry：A multimedia guide to its features and usage[M]. Berlin：Springer.

Valente N A，do Cabo C T，Mao Z，et al.，2022. Quantification of phase-based magnified motion using image enhancement and optical flow techniques[J]. Measurement，189：110508.

Wadhwa N，Rubinstein M，Durand F，et al.，2013. Phase-based video motion processing[J]. ACM Transactions on Graphics（TOG），32（4）：1-10.

Wu H Y，Rubinstein M，Shih E，et al.，2012. Eulerian video magnification for revealing subtle changes in the world[J]. ACM Transactions on Graphics（TOG），31（4）：1-8.

第 7 章　振动测试仪器系统

在产品设计与研发、产品质量测试、产品老化测试、产品动态特性辨识、振动监测等方面都需要一个振动测试仪器系统来完成相关的振动测试任务。因而构建一个匹配良好的振动测试仪器系统是完成振动测试任务的重要工作。图 7.1 表明了一个典型模态振动测试仪器系统的构成及其测试过程。首先通过信号发生器产生扫频激励信号，然后经线性功率放大器放大后驱动激振器，最后通过细长的激振杆激励被测物体。被测物体上的阻抗头、响应传感器的输出信号经过滤波器/放大器调理处理后，由信号采集、分析与显示单元处理。系统中的振动传感器部分的内容已在第 5 章与第 6 章阐述，本章将对系统互联、放大器、模拟滤波器、调幅与解调、数模转换与模数转换、压电加速度测量系统和激振设备进行阐述。

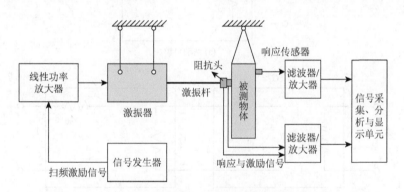

图 7.1　典型模态振动测试仪器系统的构成及其测试过程

7.1　系 统 互 联

振动测试仪器系统的各单元可简单建模为两端口模块。当仪器系统各模块互联时，须遵循阻抗匹配的原则。如果各单元互联不满足阻抗匹配原则，将影响振动测试仪器系统的额定性能。

阻抗失配的影响之一为载荷效应。例如，较重的加速度传感器贴附在被测结构上时，将改变结构的动态特性。这是机械阻抗的失配。电路系统的阻抗失配引起的载荷效应，包括改变电路模块的电流或电压及产生信号相位失真。

阻抗失配的另外一个影响是引起信号输出损耗，即输出信号水平降低。典型的例子是，压电加速度传感器的输出阻抗较大，输出信号微弱。如果互连阻抗失配，将直接降低输出信号的信噪比，这时，常采用阻抗匹配放大器（具有高输入阻抗与低输出阻抗）。原因是根据能量消耗表达：V^2/R，阻抗匹配放大器可以做到在低的能量损耗下完成信号的放大。

图 7.2（a）是一个两端口模块，其输入电压为 V_i，输入阻抗为 Z_i，输出电压为 V_o，输出阻抗为 Z_o，模块传递函数为 G，即 $V_o = GV_i$。模块的输出阻抗 Z_o 定义为输出端的开路电压与其短路电流的比值。模块的输入阻抗 Z_i 定义为额定输入电压与通过输入端电流的比值。按照第 2 章将机械元件处理成两端口元件，机械导纳（mechanical mobility）可与这里的电路阻抗等效处理，从而机械与电气网络可按统一方式分析其互连阻抗匹配要求。

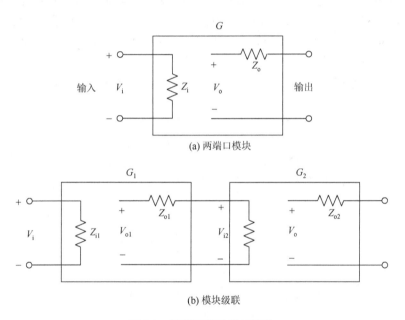

(a) 两端口模块

(b) 模块级联

图 7.2　级联系统的阻抗特性

图 7.2（b）是两级互联的两个两端口模块的级联图。显然，存在以下等式关系

$$V_{o1} = G_1 V_i \tag{7.1}$$

$$V_{i2} = \frac{Z_{i2}}{Z_{o1} + Z_{i2}} V_{o1} \tag{7.2}$$

$$V_o = G_2 V_{i2} \tag{7.3}$$

对式（7.1）～式（7.3）整理后，级联系统的输入输出关系为

$$V_o = \frac{Z_{i2}}{Z_{o1} + Z_{i2}} G_2 G_1 V_i \tag{7.4}$$

根据式（7.4）可知，两个模块级联后期望的传递函数（$G_2 G_1$）会受到模块阻抗特性的影响，其影响因子为

$$\frac{Z_{i2}}{Z_{o1} + Z_{i2}} = \frac{1}{Z_{o1}/Z_{i2} + 1} \tag{7.5}$$

根据式（7.5），如果 $Z_{o1}/Z_{i2} \ll 1$，模块级联后的系统传递特性将不受影响。因此，系统互联要求模块应具有大的输入阻抗及小的输出阻抗的特性。

7.2　放　大　器

振动测量系统各环节对电压、电流与功率都有不同要求，需要通过放大器把信号调理到合适的电平。例如，要求作动器的输入信号具有一定的功率，需要功率放大器进行信号调理，从而能够确保作动器做功。信号传输过程中，需要保证信号电平保持在阈值之上，以保证信号传输的有效性。微弱的传感器输出信号，需要进行调理放大，保证后续的信号传输。因此，根据特定的任务，需要配置不同类型的振动信号放大器。严格来说，放大器是一个有源模块，需要外部电源才能运作。下面将以运算放大器为基本模块（有关运算放大器的知识可参考其他资料），阐述振动测量系统中所用的主要放大器。

7.2.1　电压、电流与功率放大器

运算放大器的诞生可追溯到 20 世纪 40 年代真空管运算放大器的出现。20 世纪 60 年代集成运算放大器诞生。图 7.3（a）是运算放大器的结构模型，其中，输入阻抗为 Z_i、输出阻抗为 Z_o 和运算放大倍数为 K。图 7.3（b）是其电路符号。一般运算放大器有 6 个端口：两个正负输入端（V_{ip} 和 V_{in}）、一个输出端（V_o）、两个双极性电压源端（$+V_s$ 和 $-V_s$）和接地端。根据图 7.3（a），运算放大器的开环输出电压为 $V_o = K V_i$，其中差分输入电压 $V_i = V_{ip} - V_{in}$。运算放大器的运算放大倍数 K 非常高，典型值为 $10^5 \sim 10^9$，输入阻抗可高达 1 MΩ，而输出阻抗较小（10 Ω 量级）。因此，运算放大器输入电位具有特性：$V_{ip} \approx V_{in}$。

电压放大器的功能可用下式表示

$$V_o = K_V V_i \tag{7.6}$$

式中，K_V 为电压放大器增益。

电流放大器用于电路的电流调节，模型可表示为

$$I_o = K_I I_i \tag{7.7}$$

式中，K_I 为电流放大器增益。电压跟随器的电压放大器增益 $K_V = 1$，可看作一个电流放大器。因此，电压跟随器又可作为阻抗变换和电流缓冲，即为低电流（高阻抗）和高电流（低阻抗）器件互联。

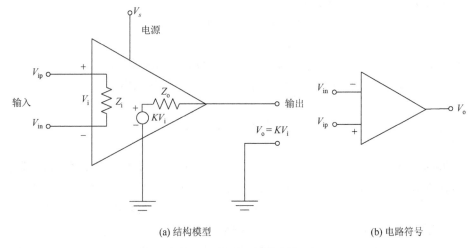

(a) 结构模型   (b) 电路符号

图 7.3   集成运算放大器

功率放大器与信号功率调理相关，其模型可表示为

$$P_o = K_P P_i \tag{7.8}$$

式中，P_o 表示功率放大器输出功率，P_i 表示功率放大器输入功率，K_P 为功率放大器增益。结合式（7.6）～式（7.8），有

$$K_P = K_V K_I \tag{7.9}$$

电压放大器与电流放大器用于信号处理的第一阶段，包括传感、数据采集、信号发生等信号功率较小的阶段。功率放大器用于信号处理的最后阶段，包括动作、记录与显示等对信号功率要求较大的阶段。

图 7.4（a）为使用集成运算放大器的电压放大器电路。A 点电位应与输入电压相等。根据 A 点的电流平衡方程，可得

$$\frac{V_o - V_i}{R_f} = \frac{V_i}{R} \tag{7.10}$$

式中，R_f 为反馈电阻，R 为电阻。对式（7.10）进行变换，该电压放大器输入输出电压关系为

$$V_o = \left(1 + \frac{R_f}{R}\right) V_i \tag{7.11}$$

电压放大器增益为

$$K_V = 1 + R_f / R \tag{7.12}$$

图 7.4（b）为使用集成运算放大器的电流放大器电路。因运算放大器的零输入电流特性，反馈电阻 R_f 提供了一个供给输入电流的电路路径。电阻 R 所在接地电路分支可确保实现电流放大。根据 A 点电位为 0 及 B 点电位 $R_f I_i$，可得到输入输出电流关系为

$$I_o = I_i + \frac{R_f}{R} I_i = K_I I_i \qquad (7.13)$$

式中，电流放大器增益为 $K_I = 1 + R_f / R$。通过设定反馈电阻 R_f 及电阻 R 的阻值即可获得相应的电流增益。

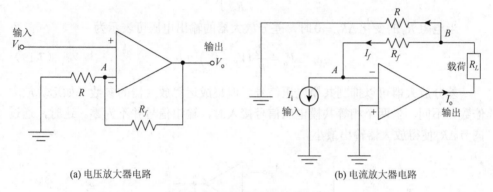

(a) 电压放大器电路　　　　　　　　　　(b) 电流放大器电路

图 7.4　集成运算放大器电路

7.2.2　仪用放大器

仪用放大器可看作一个具有特殊功能且满足特定仪器应用的电压放大器。例如，电桥放大器和各种传感器的调理放大器等都可归类到仪用放大器。仪用放大器的重要特性是其增益可调（手动或可编程）及用于低压信号处理。

仪用放大器常常是差分放大器，其两个输入端都可接输入信号。差分放大器可以有效抑制接地噪声（ground-loop noise）。图 7.5（a）是一个基本的差分放大器电路。因运算放大器的输入电流可忽略，根据 B 点及 A 点的电流平衡关系，分别有

$$\frac{V_{i2} - V_B}{R} = \frac{V_B}{R_f} \qquad (7.14)$$

$$\frac{V_o - V_A}{R_f} = \frac{V_A - V_{i1}}{R} \qquad (7.15)$$

因 $V_A = V_B$，整理式（7.14）与式（7.15），得到输出电压的表达式

$$V_o = \frac{R_f}{R} (V_{i2} - V_{i1}) \qquad (7.16)$$

式中，差分放大器增益为 R_f / R。

图 7.5（b）是在图 7.5（a）基本差分放大器基础上进行改进的差分放大器。该放大器具有增益调节能力（调节电阻 R_2）、各输入端具有较大的输入阻抗及输出端具有低的输出阻抗。因为 $V_1 = V_{i1}$，$V_2 = V_{i2}$ 及电路路径 $B \to 2 \to 1 \to A$ 上的电流相等，电流连续性关系为

$$\frac{V_B - V_{i2}}{R_1} = \frac{V_{i2} - V_{i1}}{R_2} = \frac{V_{i1} - V_A}{R_1} \tag{7.17}$$

整理式（7.17），可得差分输入

$$V_B - V_A = \left(1 + \frac{2R_1}{R_2}\right)(V_{i2} - V_{i1}) \tag{7.18}$$

当电阻 R_4 的变化 $\Delta R_4 = 0$ 时，差分放大器的输出电压可表示为

$$V_o = \frac{R_4}{R_3}(V_B - V_A) \tag{7.19}$$

差分放大器可以抑制共模电压信号。但集成运算放大器的参数（如运算放大倍数）不同，当两个相等共模电压信号接入时，输出信号并不为零。这时，通过调节 ΔR_4 使得放大器输出最小。

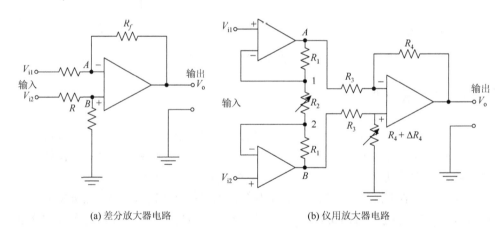

(a) 差分放大器电路　　　　　　　　　　　　　　(b) 仪用放大器电路

图 7.5　差分放大器电路和仪用放大器电路

7.2.3　放大器性能

放大器的性能指标包括稳定性、响应速度与未建模信号。放大器的稳定性常用时间常数和温度漂移来表征。响应速度指标反映放大器对瞬态信号的响应能力。可用放大器频率响应函数的平坦带宽（–3 dB 带宽）作为其响应速度的测度。未建模信号是放大器的主要误差源，包括电流偏差、信号偏离、共模输出电压及内部噪声。反映差分放大器的共模误差可用共模抑制比（common mode rejection ratio，CMRR）来表征，其表达式为

$$CMRR = \frac{KV_{\text{icm}}}{V_{\text{ocm}}} \tag{7.20}$$

式中，K 为差分放大器增益，V_{icm} 为共模输入电压，V_{ocm} 为共模输出电压。

7.3　模拟滤波器

振动测量系统中的滤波器可以滤除外部扰动、激励误差及内部噪声等引起的振动信号，保留需要的信号成分。滤波器分为低通滤波器、高通滤波器、带通滤波器及带阻滤波器。按实现方式，可分为数字滤波器与模拟滤波器。虽然数字滤波器有很多优势，但系统中仍然普遍使用模拟滤波器。早期模拟滤波器仅使用晶体管、电阻、电容、电感等被动分立器件，构成被动模拟滤波器。由于集成电路器件的优势及分立电感器的各种缺点，单片集成电路形式的有源模拟滤波器得到更广泛的应用。

7.3.1　低通滤波器

图 7.6（a）为一阶低通滤波器的电路，上图为被动低通滤波器、下图为有源低通滤波器。两个电路具有等效的传递函数。但是该一阶低通滤波器级联时，其整体传递函数并不相同。有源低通滤波器因继承运算放大器的阻抗匹配作用，级联不会产生负载效应。而被动低通滤波器级联会因负载效应，改变预期的系统传递函数。

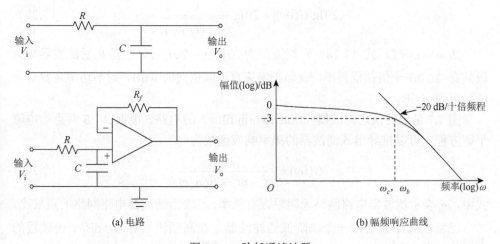

(a) 电路　　　　　　　　　　　　　(b) 幅频响应曲线

图 7.6　一阶低通滤波器

图 7.6（a）上图为被动低通滤波器电路，其平衡方程

$$C\frac{\mathrm{d}V_\mathrm{o}}{\mathrm{d}t}=\frac{V_\mathrm{i}-V_\mathrm{o}}{R} \tag{7.21}$$

整理后为

$$\tau\frac{\mathrm{d}V_\mathrm{o}}{\mathrm{d}t}+V_\mathrm{o}=V_\mathrm{i} \tag{7.22}$$

式中，滤波器时间常数 $\tau=RC$。由式（7.22），可得滤波器的传递函数表达

$$G(s)=\frac{1}{\tau s+1} \tag{7.23}$$

因此，其频率响应函数为

$$G(\mathrm{i}\omega)=\frac{1}{\tau\mathrm{i}\omega+1} \tag{7.24}$$

图 7.6（b）为一阶低通滤波器的幅频响应曲线。当频率 $\omega\ll 1/\tau$ 时，幅值为 1。因此，截止频率为

$$\omega_c=\frac{1}{\tau} \tag{7.25}$$

频率响应半功率点对应的频率满足下式

$$\frac{1}{|\tau\mathrm{i}\omega+1|}=\frac{1}{\sqrt{2}} \tag{7.26}$$

由式（7.26）解，得到半功率带宽为

$$\omega_b=\frac{1}{\tau} \tag{7.27}$$

对数幅频可表示为

$$20\lg|G(\mathrm{i}\omega)|=20\lg\frac{1}{\sqrt{1+\left(\omega/\omega_c\right)}} \tag{7.28}$$

当 $\omega\gg\omega_c$ 时，式（7.28）右端近似为 $20\lg\omega_c-20\lg\omega$。一阶高通滤波器高频段具有 -20 dB/十倍频程斜率。设幅频响应直流幅值对应 0 dB，则半功率带宽对应的幅值为 -3 dB。

图 7.7 是巴特沃思滤波器（Butterworth filter）的电路。根据 A、B 两点的电流平衡方程，可以推导出该滤波器的频率响应函数为

$$G(\mathrm{i}\omega)=\frac{\omega_n^2}{\omega_n^2-\omega^2+2\mathrm{i}\zeta\omega_n\omega} \tag{7.29}$$

式中，ω_n 表示滤波器电路网络无阻尼固有频率，ζ 表示滤波器电路网络的阻尼比。

巴特沃思滤波器是一个二阶低通滤波器，在高频段具有 -40 dB/十倍频程的渐近线，截止频率为

$$\omega_c = \frac{1}{\sqrt{\tau_1 \tau_2}} \qquad\qquad (7.30)$$

当相对阻尼比 $\zeta = \frac{1}{\sqrt{2}}$ 时，半功率带宽 $\omega_b = \omega_c$。

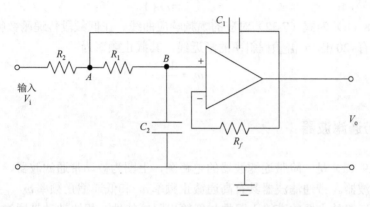

图 7.7　巴特沃思滤波器

7.3.2　高通滤波器

图 7.8（a）一阶高通滤波器的电路，上图为被动高通滤波器、下图为有源高通滤波器。同样，当其级联使用时，有源高通滤波器相比被动高通滤波器能更好地抑制负载效应。两个电路具有等效的传递函数。

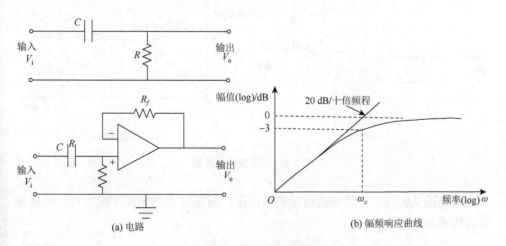

图 7.8　一阶高通滤波器

考虑图 7.8（a）的滤波器电路，其传递函数为

$$G(s) = \frac{\tau s}{\tau s + 1} \tag{7.31}$$

把传递函数改写为频率响应函数，得到

$$G(i\omega) = \frac{\tau i\omega}{\tau i\omega + 1} \tag{7.32}$$

图 7.8（b）为式（7.32）对应的幅频响应曲线。在低频段传递函数幅值为 1，高频段具有 -20 dB/十倍频程斜率的渐近线，其截止频率为

$$\omega_c = \frac{1}{\tau} \tag{7.33}$$

7.3.3 带通滤波器

图 7.9（a）是一阶带通滤波器的电路图，上图为被动带通滤波器、下图为有源带通滤波器。带通滤波器具有高通截止频率 ω_{c_1} 和低通截止频率 ω_{c_2}。有源带通滤波器因运算放大器的高输入阻抗与低输出阻抗特性，相比被动带通滤波器有更好的负载效应抑制能力。

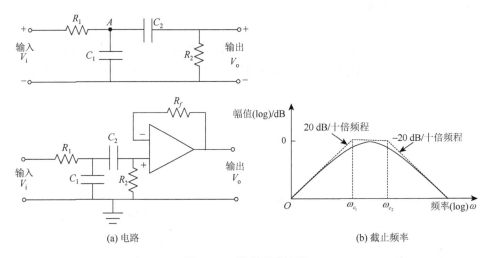

(a) 电路   (b) 截止频率

图 7.9   一阶带通滤波器

考虑图 7.9（a）一阶带通滤波器电路图，根据 A 点的电流平衡方程，可以推导其传递函数为

$$G(s) = \frac{V_o}{V_i} = \frac{\tau_2 s}{\tau_1 \tau_2 s^2 + (\tau_1 + \tau_2 + \tau_3)s + 1} \tag{7.34}$$

式中，时间常数 $\tau_1 = R_1 C_1$，$\tau_2 = R_2 C_2$，$\tau_3 = R_1 C_2$。设式（7.34）分母为 0，求该特

征方程,其两个根记为 $-\omega_{c_1}$ 和 $-\omega_{c_2}$,从而确定了图 7.9(b)所示的两个截止频率。带通滤波器具有 20 dB/十倍频程和 –20 dB/十倍频程两个渐近线。

7.3.4　带阻滤波器

　　带阻滤波器也称为斩波滤波器,常用于滤除窄带噪声成分。图 7.10(a)为有源带阻滤波器。滤波器采用孪生 T 形结构。根据 A 点与 B 点的电流平衡方程,分别得到

$$\frac{V_i - V_B}{R} = 2C\frac{\mathrm{d}V_B}{\mathrm{d}t} + \frac{V_B - V_o}{R} \tag{7.35}$$

$$C\frac{\mathrm{d}}{\mathrm{d}t}(V_i - V_A) = \frac{V_A}{R/2} + C\frac{\mathrm{d}}{\mathrm{d}t}(V_A - V_o) \tag{7.36}$$

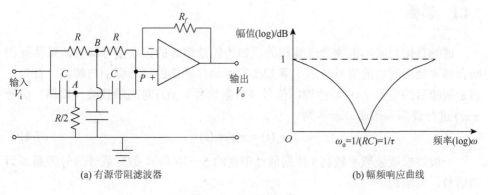

(a) 有源带阻滤波器　　　　　　　　(b) 幅频响应曲线

图 7.10　带阻滤波器

　　再根据 P 点电流连续性特征,有

$$\frac{V_B - V_o}{R} = C\frac{\mathrm{d}}{\mathrm{d}t}(V_o - V_A) \tag{7.37}$$

根据式(7.35)~式(7.37)的拉普拉斯变换,可以推得滤波器的传递函数为

$$\frac{V_o}{V_i} = G(s) = \frac{\tau^2 s^2 + 1}{\tau^2 s^2 + 4\tau s + 1} \tag{7.38}$$

用 $s = i\omega$ 替换,滤波器频率响应函数为

$$G(i\omega) = \frac{1 - \tau^2 \omega^2}{1 - \tau^2 \omega^2 + 4i\tau\omega} \tag{7.39}$$

幅值为 0 的位置对应的频率为

$$\omega_o = \frac{1}{\tau} \tag{7.40}$$

7.4 调幅与解调

信号调制是指通过调制信号（如数据信号）改变载波信号的特性（比如幅值或频率）的过程。解调是从调制后的信号中恢复出原来的数据信号的过程。信号调制方法包括调幅（amplitude modulation，AM）、调频（frequency modulation，FM）、脉宽调制（pulse width modulation，PWM）、脉频调制（pulse frequency modulation，PFM）、相位调制（phase modulation，PM）等。FM 相对 AM 有更好的抗噪声干扰性能，适合数据的远距离传输。相对其他方法，PWM 与 PFM 有更好的抗噪声干扰能力，多应用于运动控制系统中。本节主要介绍 AM 的信号调制与解调技术。

7.4.1 调幅

调幅直接与实际的物理现象相关，如齿轮故障时的振动信号即为故障特征在啮合频率处调制后的信号及第 5 章 LVDT 运动传感器的信号调制与解调。首先，假定调幅后的信号 $x_a(t)$ 是由调制信号（数据信号）$x(t)$ 对高频载波（周期）信号 $x_c(t)$ 进行调幅后形成，表示为

$$x_a(t) = x(t)x_c(t) \tag{7.41}$$

一般要求载波频率较高（数据信号带宽的 5～10 倍）。假定载波信号为高频简谐信号，表示为

$$x_c(t) = a_c \cos(2\pi f_c t) \tag{7.42}$$

式中，f_c 为载波频率，a_c 为振幅。

对式（7.41）进行傅里叶积分变换，得到

$$X_a(f) = a_c \int_{-\infty}^{\infty} x(t)\cos(2\pi f_c t)\mathrm{e}^{-\mathrm{i}2\pi ft}\,\mathrm{d}t \tag{7.43}$$

根据式（7.42），余弦函数的欧拉表达为 $\cos(2\pi f_c t) = \left[\exp(\mathrm{i}2\pi f_c t) + \exp(-\mathrm{i}2\pi f_c t)\right]$，式（7.43）重写为

$$X_a(t) = \frac{1}{2}a_c\left[X(f - f_c) + X(f + f_c)\right] \tag{7.44}$$

与以上数学表达对应，图 7.11（a）表示瞬态信号及其傅里叶频谱，图 7.11（b）表示调幅信号及其傅里叶频谱。显然，调制后的信号幅值要乘以 $a_c/2$。理论上从 0 频到频率 $f_c - f_b$ 的频谱幅值为 0，其中 f_b 为数据信号的带限频率。当用简谐数据信号，$x(t) = a\cos 2\pi f_o t$，调制高频载波信号时，调制后的信号频谱表现出边带特征。

图 7.11（c）是简谐数据信号及其傅里叶频谱，图 7.11（d）为调幅后的信号及其傅里叶频谱。载波频率处的信号幅值为 0，存在载波频率的两侧边频，即频率 $-f_c + f_o$ 和 $f_c - f_o$。边频幅值为数据信号幅值乘以 $a_c/4$。显然，载波频率的边带信息对应数据信号的信息。通过调幅，原来低频数据信号被转移到高频。因此，通过调幅可以抑制低频噪声对信号传输、调理的干扰。

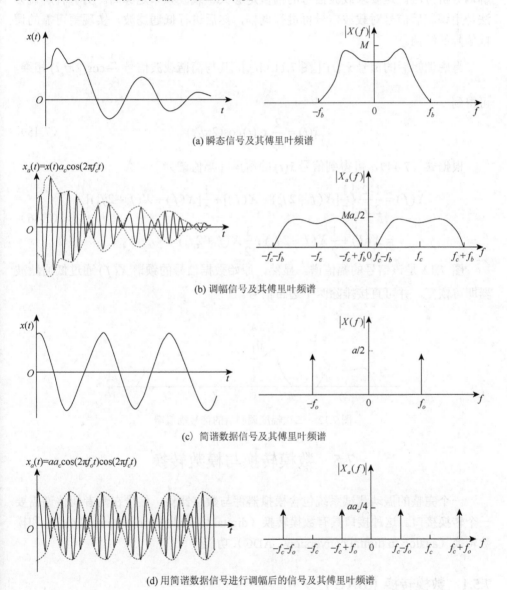

(a) 瞬态信号及其傅里叶频谱

(b) 调幅信号及其傅里叶频谱

(c) 简谐数据信号及其傅里叶频谱

(d) 用简谐数据信号进行调幅后的信号及其傅里叶频谱

图 7.11　调幅原理

7.4.2　解调

对调幅的信号解调的一种简单方法是提取信号包络，即用第 4 章介绍的包络解调分析方法。这要求载波信号的幅值足够大、载波频率足够高。另一种解调方法是用调制后信号对载波信号再进行调幅，然后进行低通滤波，实现更可靠的调幅信号的解调。

考虑调幅后的信号 $x_a(t)$［图 7.11（b）］，其与简谐载波信号 $\dfrac{2}{a_c}\cos(2\pi f_c t)$ 相乘，可得到

$$\tilde{x}(t) = \frac{2}{a_c} x_a(t)\cos(2\pi f_c t) \tag{7.45}$$

根据式（7.44），可得到信号 $\tilde{x}(t)$ 的傅里叶幅值谱为

$$\begin{aligned}\tilde{X}(f) &= \frac{1}{2}\frac{2}{a_c}\left\{\frac{1}{2}[X(f-2f_c)+X(f)] + \frac{1}{2}[X(f)+X(f+2f_c)]\right\}\\ &= X(f) + \frac{1}{2}X(f-2f_c) + \frac{1}{2}X(f+2f_c)\end{aligned} \tag{7.46}$$

图 7.12 是该信号的幅值谱。显然，原始数据信号的频谱 $X(f)$ 通过低通滤波器即可恢复，并可直接排除两个边带信号。

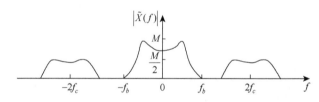

图 7.12　二次幅度调制后的信号幅值谱

7.5　数模转换与模数转换

一个完整的振动测试系统包含模拟器件与数字器件，信号在两者间传递需要一个转换接口。这种接口具有数模转换（digital to analog conversion，DAC）和模数转换（analog to digital conversion，ADC）功能。

7.5.1　数模转换（DAC）

DAC 类型有很多种，但主要从两种基本类型派生出来。这两种基本类型为

计权求和 DAC 和梯级 DAC。计权求和 DAC 结构简单，但梯级 DAC 各方面性能更好。

图 7.13 是 n 位计权求和 DAC 电路原理图，n 为输出寄存器数目。二进制数可表示为

$$w = b_{n-1}b_{n-2}b_{n-3}\cdots b_1 b_0 \tag{7.47}$$

式中，b_i 为二进制数的第 i 位，为 0 或者 1。DAC 的模拟输出须等于对应二进制数的十进制数 $D = 2^{n-1}b_{n-1} + 2^{n-2}b_{n-2} + \cdots + 2^0 b_0$。其中，最高有效位（most significant bit，MSB）为 b_{n-1}，最低有效位（least significant bit，LSB）为 b_0。二进制数位 b_i 将触发开关电路中的对应固态位开关。当 $b_i = 1$ 时，对应位微开关接通 $-V_{\text{ref}}$ 电源，并给相应的位计权电阻提供该电源。按照 A 点的电流平衡准则，DAC 输出电压可表示为

$$V = \left(b_{n-1} + \frac{b_{n-2}}{2} + \cdots + \frac{b_0}{2^{n-1}} \right) \frac{V_{\text{ref}}}{2} \tag{7.48}$$

显然，输出模拟电压与十进制数 D（与二进制数 w 对应）成正比。

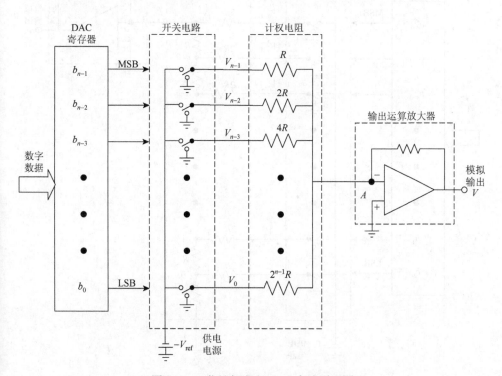

图 7.13　n 位计权求和 DAC 电路原理图

该 DAC 模拟输出满量程（full scale value，FSV）为

$$\text{FSV} = \left(1 + \frac{1}{2} + \cdots + \frac{1}{2^{n-1}}\right)\frac{V_{\text{ref}}}{2}$$
$$= \left(1 - \frac{1}{2^n}\right)V_{\text{ref}} \tag{7.49}$$

计权求和 DAC 最大的缺点是计权电阻的阻值范围很广,造成 DAC 位数受限,成为提高 DAC 精度的主要瓶颈。

针对这一问题,R–$2R$ 梯级 DAC 仅使用两类电阻,即 R 和 $2R$,大大减轻了对电阻精度的要求。图 7.14 是 n 位梯级 DAC 的原理电路图。$\tilde{v}_i$ 是节点 i 的电压。按照节点 i 的电流平衡准则,有

$$\frac{1}{2}V_i = \frac{5}{2}\tilde{V}_i - \tilde{V}_{i-1} - \tilde{V}_{i+1} \qquad i = 1, 2, \cdots, n-2 \tag{7.50}$$

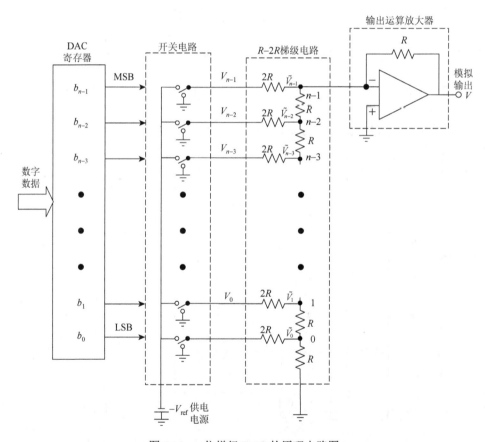

图 7.14　n 位梯级 DAC 的原理电路图

式（7.50）仅对除节点 0 和 n–1 外的其他节点有效。根据节点 0 与 n–1 的电

流平衡关系，分别有

$$\frac{1}{2}V_0 = 2\tilde{V}_0 - \tilde{V}_1 \tag{7.51}$$

$$\frac{1}{2}V_{n-1} = -\tilde{V}_{n-2} - V \tag{7.52}$$

根据式（7.50）～式（7.52），可以推导模拟输出电压为

$$V = \left(\frac{1}{2}b_{n-1} + \frac{1}{2^2}b_{n-2} + \cdots + \frac{1}{2^n}b_0 \right) V_{\text{ref}} \tag{7.53}$$

7.5.2　模数转换（ADC）

采样模拟响应信号需要经过模数转换（ADC）变为数字信号，才能传输给数字计算机进行数字信号处理与分析。模数转换相比于数模转换更复杂与耗时，因此，ADC 比 DAC 有更高的成本和更低的转换速率。这里仅仅介绍逐次逼近型 ADC 和积分型 ADC。

图 7.15 为逐次逼近型 ADC 原理电路图。逐次逼近型 ADC 由一个比较器和 DAC 通过逐次比较逻辑构成，从 MSB 开始，按顺序对每一位的输入电压与内置 DAC 输出进行比较，经 n 次比较而输出数字值。如图 7.15 所示，采样模拟信号输入到比较器（常为差分放大器）。外部给出的开始转换（start conversion，SC）控制脉冲输入控制逻辑单元，启动 ADC 工作。模数转换完成时，给出转换完成（conversion complete，CC）脉冲。SC 位有效时，所有寄存器的位均初始化为 0。系统按照时钟脉冲进行每一次 ADC 逼近工作。逐次逼近型 ADC 的优点是速度较快、功耗低，在低分辨率（<12 位）时价格便宜，但高分辨率（≥12 位）时价格很高。

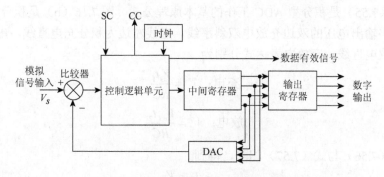

图 7.15　逐次逼近型 ADC 原理电路图

图 7.16（a）是积分型 ADC 原理电路图。积分型 ADC 工作原理是将输入电压转换成时间（脉冲宽度信号）或频率（脉冲频率），然后由定时器/计数器获得

数字值。如图 7.16（a）所示，根据积分电路 A 点的电流平衡关系，可以得到

$$\frac{V_i}{R} + C\frac{dV}{dt} = 0 \qquad (7.54)$$

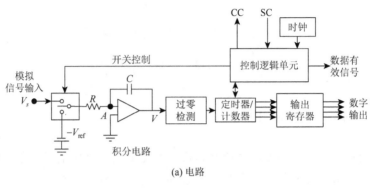

(a) 电路

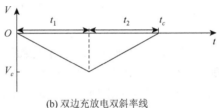

(b) 双边充放电双斜率线

图 7.16　积分型 ADC 原理电路图

式（7.54）积分后得到

$$V(t) = V(0) - \frac{V_i t}{RC} \qquad (7.55)$$

式（7.55）是积分型 ADC 工作的基本原理公式。图 7.16（b）是积分型 ADC 积分电路输出电压的双边充放电双斜率线。虚线左边为积分充电直线，虚线右边为积分放电直线，充放电表达式分别为

$$充电：V_c = \frac{V_s t_1}{RC} \qquad (7.56)$$

$$放电：V_c = \frac{V_{ref} t_2}{RC} \qquad (7.57)$$

式（7.56）与式（7.57）相除，得到

$$V_s = V_{ref}\frac{t_2}{t_1} = \frac{V_{ref}}{n_1}n_2 \qquad (7.58)$$

式中，积分充电时间 t_1 与对应的计数器计数值 n_1 是固定不变的，t_2 是积分放电时间，n_2 是对应的计数器计数值。

积分型 ADC 的优点是用简单电路就能获得高分辨率,但缺点是由于转换精度依赖于积分时间,因此转换速率极低。

7.5.3　ADC/DAC 主要性能参数

DAC 的主要技术指标如下。

(1) 分辨率(resolution):指最小模拟输出量(对应数字量最低为"1")与最大量(对应数字量所有有效位为"1")之比。

(2) 建立时间(setting time):是将一个数字量转换为稳定模拟信号所需的时间,也可以认为是转换时间。

ADC 的主要技术指标如下。

(1) 分辨率(resolution):指数字量变化一个最小量时对应的模拟信号的变化量,定义为满刻度与 $2n$ 的比值。

(2) 转换率(conversion ratio):指完成一次从模拟信号转换到数字信号的 ADC 转换所需的时间的倒数。

(3) 量化误差(quantization error):由于 ADC 的有限分辨率而引起的误差,即有限分辨率 ADC 的阶梯状转移特性曲线与无限分辨率 ADC(理想 ADC)的转移特性曲线(直线)之间的最大偏差。

(4) 偏移误差(offset error):输入信号为零时输出信号不为零的值,可外接电位器调至最小。

(5) 满刻度误差(full scale error):满刻度输出时对应的输入信号与理想输入信号值之差。

(6) 线性度(linearity):实际转换器的转移函数与理想直线的最大偏移。

7.6　压电加速度测量系统

压电加速度传感器具有高输出阻抗及压电晶体输出信号微弱的特点。因此,需要配置前置放大器进行信号调理,并完成三个功能:阻抗变化为低阻抗输出;微弱输出信号的放大;实现输出电压归一化。该前置放大器包括两种:电压放大器和电荷放大器。

7.6.1　电压放大器

电压放大器的输出电压正比于输入电压,其作用是放大加速度传感器的微弱输出信号，把传感器的高输出阻抗转换为低输出阻抗。图 7.17（a）是压电加速度传感器与所用的电压放大器、传输电缆组成的等效电路，图 7.17（b）是其简化电路。其中，Q_a 为压电加速度传感器产生的总电荷，C_a 和 R_a 分别为传感器的电容和绝缘电阻，C_c 为传输电缆的分布电容，C_i 和 R_i 分别为放大器的输入电容和输入电阻。等效电容 $C = C_a + C_c + C_i$，等效电阻 $R = (R_a R_i)/(R_a + R_i)$，压电加速度传感器产生的总电荷 $Q_a = d_x F$，其中 d_x 为压电加速度传感器压电晶体的压电常数。

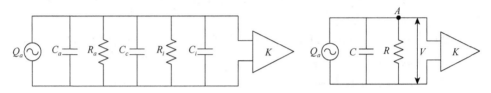

(a) 压电加速度传感器与所用的电压放大器、传输电缆组成的等效电路　　　　　(b) 简化电路

图 7.17　压电加速度传感器电压放大原理电路

根据 A 点电流平衡关系，有

$$\dot{Q}_a = C\dot{V} + \frac{V}{R} \tag{7.59}$$

式中，$\dot{Q}_a$ 为电荷的一阶微分，V 为电压，$\dot{V}$ 为电压的一阶微分。

整理后，可得

$$RC\frac{\mathrm{d}V}{\mathrm{d}t} + V = d_x R\frac{\mathrm{d}F}{\mathrm{d}t} \tag{7.60}$$

式（7.60）转换为传递函数表达为

$$G(s) = \frac{V(s)}{F(s)} = \frac{d_x Rs}{RCs + 1} \tag{7.61}$$

把 $s = \mathrm{i}\omega$ 代入式（7.61），并求传递函数幅值为

$$M = \frac{d_x \omega R}{\sqrt{1 + (\omega RC)^2}} \quad 或 \quad M = \frac{d_x \omega}{\sqrt{\left(1/R\right)^2 + \left(\omega C\right)^2}} \tag{7.62}$$

根据式（7.62），可得到以下结论。

（1）当测量静态参量时（$\omega = 0$），压电加速度传感器输出电压为 0。

（2）当测量频率足够大时（$1/R \ll \omega C$），传感器放大比是常数，与频率无关。

（3）当测量低频振动时（$1/R \gg \omega C$），传感器放大比与频率呈线性正相关，即传感器输出电压随频率的下降而下降。

采用电压放大器作为前置放大器进行动态测量时，压电加速度传感器的输出电压与电容相关。传输电缆的分布电容 C_c 与电缆的长度和种类有关。因此，前置放大

器采用电压放大器时，测量系统的传输电缆不能轻易更换。为了解决这个问题，现在常在压电加速度传感器内部集成一个电压放大器，这样，传输电缆较短，电缆分布电容小且固定不变。这种压电加速度传感器称为集成电路压电（integrated circuit piezoelectric，ICP）型加速度传感器。

7.6.2　电荷放大器

电荷放大器是一种输出电压与输入电荷成正比的前置放大器。图 7.18 是压电加速度传感器电荷放大原理电路图。图中 C_f 为反馈电容，K 为运算放大器的放大倍数。

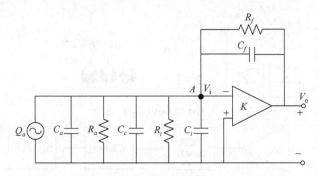

图 7.18　压电加速度传感器电荷放大原理电路图

为分析方便，忽略电阻 R_a 与 R_i，等效电容 $C = C_a + C_c + C_i$，$V_i = -V_o/K$。考虑 A 点的电路平衡关系，有

$$\dot{Q} + C\left(\frac{\dot{V}_o}{K}\right) + C_f\left(\dot{V}_o + \frac{\dot{V}_o}{K}\right) + \frac{V_o + V_o/K}{R_f} = 0 \tag{7.63}$$

因为放大倍数 K 很大（典型值为 $10^5 \sim 10^9$），式（7.63）可改写为

$$R_f C_f \frac{\mathrm{d}V_o}{\mathrm{d}t} + V_o = -R_f \frac{\mathrm{d}Q}{\mathrm{d}t} \tag{7.64}$$

与式（7.64）对应的传递函数为

$$G(s) = \frac{V_o(s)}{Q(s)} = -\frac{R_f s}{R_f C_f s + 1} \tag{7.65}$$

用 $s = \mathrm{i}\omega$ 替代，其传递函数幅值为

$$M = \frac{|V_o|}{|Q_a|} = \frac{\tau_c \omega}{\sqrt{\tau_c^2 \omega^2 + 1}} \tag{7.66}$$

式中，时间常数 $\tau_c = R_f C_f$。当 R_f 无穷大，即电荷放大器反馈电阻断开时，式（7.66）变为

$$M = \frac{1}{C_f} \tag{7.67}$$

由此可见，电荷放大器的输出电压与加速度传感器产生的电荷成正比，与反馈电容 C_f 成反比，而且受电缆分布电容的影响很小，这是电荷放大器的一个主要优点。图 7.19 为电荷放大器的电路框图，图中包括反馈电阻 R_f。通过调节反馈电阻可以抑制低频信号，从而起到高通滤波器的作用。根据式（7.66），为保证传感精度优于 99%，要求 $\tau_c \omega / \sqrt{\tau_c^2 \omega^2 + 1} > 0.99$ 或 $\tau_c \omega > 7.0$。这时，最低截止频率即为 $\omega_{\min} = 7.0/\tau_c$。因此，通过调节反馈电阻，即可调节时间常数或最低截止频率。

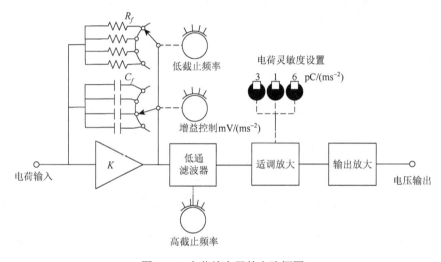

图 7.19　电荷放大器的电路框图

7.7　激　振　设　备

振动实验常常需要外部激振设备（exciter 或 shaker）产生所需要的振动，例如，产品的抗振性测试、实验模态测试等。激振设备按测试实验类型可分为模态激振器和振动台；按激励方式可分为液压激振器（振动台）、机械惯性激振器（振动台）、电磁激振器（振动台）、瞬态激振器（力锤）。

7.7.1　激振设备性能指标

表 7.1 给出了液压振动台、机械惯性振动台和电磁振动台的典型性能参数。最大冲程仅在低频激励时才能达到。最大速度仅在中频率激励才能达到。最大加速度与额定激励力仅在高频激励时才能达到。图 7.20 给出了激振器的理想性

能曲线。图 7.21 给出了振动台的性能范围。使激振器同时按最大冲程与最大加速度参数工作是不合理的。

表 7.1 液压振动台、机械惯性振动台和电磁振动台的典型性能参数

振动台类型	频率范围/Hz	最大冲程/cm	最大速度/(cm/s)	最大加速度	最大激励力/N	激励波形
液压	0.1~500	50	125	20 g	450 000	任意-平均可控
机械惯性	2~50	2.5	125	20 g	4 500	简谐
电磁	2~10 000	2.5	125	100 g	2 000	任意-高度可控

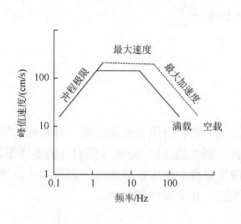

图 7.20 激振器理想性能曲线

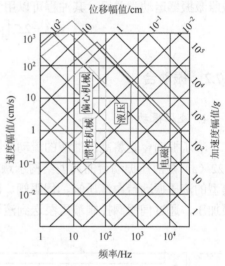

图 7.21 振动台性能范围

激振器头部所有的激励力在频域的表达式为 $F = mH(\omega)a_s(\omega)$，其中，$m$ 为被激励物体（包含夹具）的质量，$a_s(\omega)$ 为激振器安装面支持点处的激励加速度频谱，$H(\omega)$ 为被激励物体的频率响应函数。考虑被测物体具有单自由度谐振器特性（固有频率为 ω_n，阻尼比为 ζ_t），则 $H(\omega)$ 可表示为

$$H(\omega) = \frac{1 + 2\mathrm{i}\zeta_t \omega/\omega_n}{1 - (\omega/\omega_n)^2 + 2\mathrm{i}\zeta_t \omega/\omega_n} \quad (7.68)$$

因激励加速度响应谱 $a_r(\omega)$ 与激振器激励点的激励加速度频谱 $a_s(\omega)$ 存在以下关系

$$a_s(\omega) = 2\mathrm{i}\zeta_r a_r(\omega) \quad (7.69)$$

式中，阻尼比 ζ_r 为激励加速度响应谱峰对应的阻尼比。因此激励力可表示为

$$F = mH(\omega)2\mathrm{i}\zeta_r a_r(\omega) \tag{7.70}$$

假定被测物体是刚体，即 $H(\omega) \approx 1$，则最大激励力估计表达式为

$$F_{\max} = m\left(\zeta_r/\zeta_t\right)\left|a_r(\xi)\right|_{\max} \tag{7.71}$$

一个需要考虑的问题是确定激振器工作功率。当激振器驱动速度保持最大时，其输出的激励力并不能达到最大。根据激振器输出功率的定义，激振器额定功率可以用下式估计

$$P_{\max} = 2m\left(\zeta_r^2/\zeta_t\right)\left[\left|a_r(\omega)\right|^2/\omega\right]_{\max} \tag{7.72}$$

在选择激振器时除了以上需要考虑的因素外，激振器冲程也是需要考虑的。按照激振器运动学关系，其冲程可以用下式估计

$$x_{\max} = 2\zeta_r\left[\left|a_r(\omega)\right|/\omega^2\right]_{\max} \tag{7.73}$$

7.7.2　振动台

1. 液压振动台

液压振动台是将高压油液的流动转换成振动台台面往复运动的一种机械。图 7.22（a）是液压振动台的典型结构示意图，图 7.22（b）是液压振动台的实物图。典型的液压振动台由液压缸、伺服阀、液压泵和驱动电机等构成。液压油由液压泵加压，通过伺服阀控制液压泵送到液压缸，并实现往复运动。

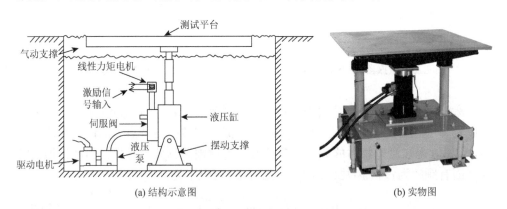

(a) 结构示意图　　　　　　　　　　　　　(b) 实物图

图 7.22　液压振动台

液压振动台可以提供大的激励力，且台面可以承受大的负载，常用于大型结构的模拟试验。液压振动台可以进行可变、不变和宽带随机激励力的激励试验。与电磁振动台相比，其波形失真相对要大一些。

2. 机械惯性振动台

机械惯性振动台（或惯性离心振动台）是基于旋转体偏心质量的惯性力引起振动平台的振动来工作的。图 7.23 是机械惯性振动台结构示意图和激振器的实物图。

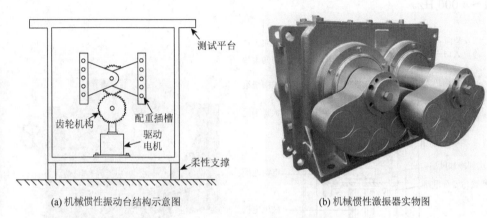

(a) 机械惯性振动台结构示意图　　　　　　　(b) 机械惯性激振器实物图

图 7.23　机械惯性振动台和激振器

机械惯性振动台在建筑工程结构的原型测试中得到了广泛使用。机械惯性振动台的主要局限性在于激励力是简谐的，且力幅正比于激励频率的平方。因此，这种激振器不能实现复杂随机激励测试、常力激励测试及变力幅测试。

3. 电磁振动台

电磁振动台或电磁激振器的激励力是通过激励信号流过动圈时绕组，磁场驱动线圈运动产生的。图 7.24 是电磁振动台的典型结构图及英国 LDS 电磁振动台实物照片。电磁振动台的频率范围很宽，可从近零赫到几千赫，最高可到几万赫。电磁振动台的优点是噪声比机械惯性振动台小，频率范围宽，振动稳定，波形失真度小，振幅和频率调节方便。缺点是低频特性比较差。电磁振动台的固定部分由高导磁材料制成，上面绕有励磁线圈。当励磁线圈通以直流电流时，磁缸的气隙间就形成强大的恒定磁场，而驱动线圈就悬挂在恒定磁场中。

7.7.3　模态激振器与力锤

模态激振器包括惯性、电磁直激和电磁非接触模态激振器。模态激振器用于实验模态分析中对被测试结构产生确定性的激励力（如扫频激励、随机激励等），从而实现被测结构的模态特性的辨识。图 7.25 是典型的电磁直激模态激振器的安装配置图。图中，细长激振杆通过锁紧套件与模态激振器的电枢锁紧。同时，细长激振杆的另一端与力传感器或阻抗头连接。力传感器安装在被测结构上。因此，电磁直激模态激振器是要通过细长激振杆把激励力传给被测结构。该类模态激振器具有良好的线性激励特性，如 Modal 50 A 的线性频率范围为 1～4 000 Hz。

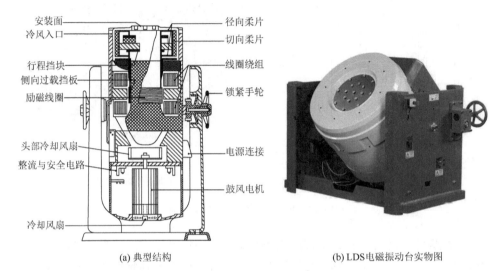

(a) 典型结构　　　　　　　　　　　　(b) LDS 电磁振动台实物图

图 7.24　电磁振动台

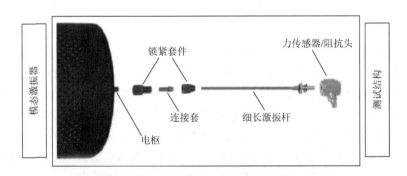

图 7.25　电磁直激模态激振器及其安装配置图

惯性模态激振器具有惯性振动台的简单易用的特点，包括机械惯性模态激振器和电磁惯性模态激振器。图 7.26 是电磁惯性模态激振器的实物图与安装示意图。惯性模态激振器相比于电磁直激模态激振器具有安装调试简单的特点。图 7.26 所示为美国 Modal Shop 公司的电磁惯性模态激振器（Model 2002E），仅重 0.25 kg。

简谐激励力可达 9 N，频率范围 20～3 000 Hz。通过直径 3.6 mm 的通孔可直接把模态激振器固定在被测结构上，不需要像电磁直激模态激振器那样仔细地调节激振器的几何姿态。

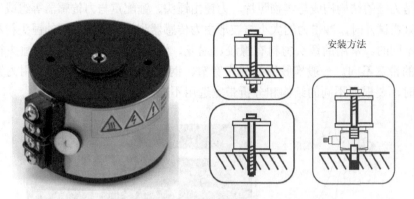

图 7.26　电磁惯性模态激振器实物图与安装示意图

以上模态激振器均要与被测结构接触，缺点是会一定程度改变被测结构的动力学特性，特别是惯性模态激振器。对于旋转结构，接触模态激振器就不适用了。电磁非接触模态激振器不需要与被测结构接触，因此，可以测量旋转结构的模态特性。图 7.27 是电磁非接触模态激振器的结构示意图。要求被测结构导磁或在结构的激励点贴导磁条。激励信号通过激励线圈产生电磁场，并在被测导磁结构上感生出电涡流。电涡流与铁芯前端永磁铁作用产生激励力。图中电磁激励

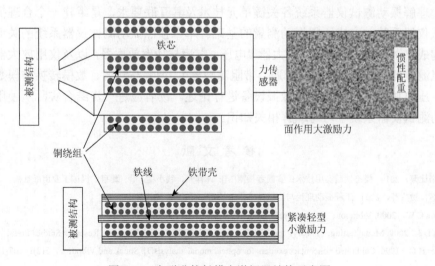

图 7.27　电磁非接触模态激振器结构示意图

力可以通过其集成的反力传感器测量。但是这种电磁非接触激励需要抑制不必要的谐波激励信号。

　　力锤又称手锤，是实验模态分析常用的一种激励设备。图 7.28（a）与图 7.28（b）分别是力锤的结构构成与实物照片。力锤由锤头、锤配重与力传感器等组成。当用力锤敲击试件时，冲击力的大小与波形由力传感器测得。使用不同的锤头材料，力谱是不同的。常用的锤头材料有橡胶、尼龙、铝、钢等。使用不同的锤头材料，力谱的带宽不同。一般橡胶锤头的带宽窄，钢锤头的最宽。因此，使用力锤激励结构时，要根据不同的结构和分析带宽选用不同的锤头材料。

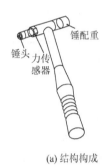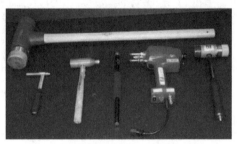

(a) 结构构成　　　　　　　　　　　(b) 不同规格的PCB力锤

图 7.28　力锤

7.8　本　章　小　结

　　理解振动测试仪器系统各关键单元技术及其互联要求，是组建一个合理振动测试仪器系统并完成所需振动测量的基础。本章按照振动测试仪器系统的关键模块构成，分别从系统互联、放大器（电压、电流与功率放大器，以及仪用放大器）、模拟滤波器（低通、高通、带通、带阻滤波器）、调幅与解调、数模转换与模数转换、压电加速度测量系统及激振设备进行论述。读者应进一步结合实际所使用的振动测试仪器系统学习与理解相关知识。

参 考 文 献

阿维塔比莱，2019. 模态试验实用技术：实践者指南[M]. 谭祥军，钱小猛，译. 北京：机械工业出版社.

刘习军，贾启芬，2004. 工程振动理论与测试技术[M]. 北京：高等教育出版社.

de Silva C W，2000. Vibration：Fundamentals and practice[M]. Boca Raton：CRC Press.

Ewins D J，2000. Modal testing：Theory，practice and application[M]. 2nd ed. London：Research Studies Press.

Saldner H O，1996. Calibrated noncontact exciters for optical modal analysis[J]. Shock and Vibration，3(2)：107-115.

第8章 实验模态分析与工作模态分析

实验模态分析（experimental modal analysis，EMA）本质上是一种实验建模技术，其目标是利用实验数据建立被测对象或机械系统的动力学模型。实验模态分析与控制理论中的模型辨识类似，可以利用其中的相关参数辨识方法与技术进行实验模态分析。它们之间也有差异，利用实验模态分析可以建立机械系统的模态模型（由固有频率、模态阻尼比和模态振型构建）。根据实验辨识得到的系统模态模型，可以进一步提取机械系统的时域模型参数（质量矩阵、阻尼矩阵和刚度矩阵）。实验模态分析技术是零件动力学修改、产品模态响应设计、子结构法动力学等产品设计领域的重要支撑技术。本章将对实验模态分析的理论基础、实验模态分析原则、传递函数曲线拟合、模态识别技术及工作模态分析等方面进行阐述。

8.1 实验模态分析的理论基础

8.1.1 模态空间表达的传递函数

一个线性机械系统的动力学模型微分方程表达为

$$M\ddot{y} + C\dot{y} + Ky = f(t) \tag{8.1}$$

式中，M、C、K 分别为系统的质量矩阵（$n \times n$）、线性阻尼矩阵（$n \times n$）、刚度矩阵（$n \times n$），y 为 n 维位移响应列向量，$f(t)$ 为 n 维激励力列向量。

假定系统的模态矩阵为 $\boldsymbol{\Phi}$ 由 n 个模态列向量构成 $[\boldsymbol{\varphi}_1\ \boldsymbol{\varphi}_2\ \cdots\ \boldsymbol{\varphi}_n]$，$q$ 为其对应的模态坐标向量，则式（8.1）中的 M、C、K 可用模态矩阵 $\boldsymbol{\Phi}$ 解耦为对角矩阵

$$\bar{M} = \boldsymbol{\Phi}^{\mathrm{T}} M \boldsymbol{\Phi} \tag{8.2}$$

$$\bar{C} = \boldsymbol{\Phi}^{\mathrm{T}} C \boldsymbol{\Phi} \tag{8.3}$$

$$\bar{K} = \boldsymbol{\Phi}^{\mathrm{T}} K \boldsymbol{\Phi} \tag{8.4}$$

如果模态振型 $\boldsymbol{\Phi}$ 用质量正则化模态矩阵 $\bar{\boldsymbol{\Phi}}$ 替换，则对角矩阵 $\bar{M}$、$\bar{C}$、$\bar{K}$ 的对角元素分别为 $M_i = 1$、$K_i = \omega_i^2$、$C_i = 2\zeta_i\omega_i$。对式（8.1）进行拉普拉斯变换，得到模态坐标下的表达

$$\begin{bmatrix} s^2 + 2\zeta_1\omega_1 s + \omega_1^2 & & & \mathbf{0} \\ & s^2 + 2\zeta_2\omega_2 s + \omega_2^2 & & \\ & & \ddots & \\ \mathbf{0} & & & s^2 + 2\zeta_n\omega_n s + \omega_n^2 \end{bmatrix} \boldsymbol{Q}(s) = \boldsymbol{\Phi}^{\mathrm{T}} \boldsymbol{F}(s) \quad (8.5)$$

式中，$\boldsymbol{Q}(s)$、$\boldsymbol{F}(s)$ 分别为模态坐标响应 $\boldsymbol{q}(t)$、激励力向量 $\boldsymbol{f}(t)$ 的拉普拉斯变换。式（8.5）进一步变换为

$$\boldsymbol{Q}(s) = \begin{bmatrix} G_1 & & & \mathbf{0} \\ & G_2 & & \\ & & \ddots & \\ \mathbf{0} & & & G_n \end{bmatrix} \boldsymbol{\Phi}^{\mathrm{T}} \boldsymbol{F}(s) \quad (8.6)$$

式中，对角元素等效为第 i 阶单自由度谐振器的模态振动传递函数。

$$G_i = \frac{1}{s^2 + 2\zeta_i\omega_i s + \omega_i^2}, \quad i = 1, 2, \cdots, n \quad (8.7)$$

把式（8.6）变换到原坐标系，得到系统位移响应表达为

$$\boldsymbol{Y}(s) = \boldsymbol{G}(s)\boldsymbol{F}(s) = \boldsymbol{\Phi} \begin{bmatrix} G_1 & & & \mathbf{0} \\ & G_2 & & \\ & & \ddots & \\ \mathbf{0} & & & G_n \end{bmatrix} \boldsymbol{\Phi}^1 \boldsymbol{F}(s) \quad (8.8)$$

式中，$\boldsymbol{G}(s)$ 为系统传递函数矩阵，它是一个对称矩阵，即 $\boldsymbol{G}^{\mathrm{T}}(s) = \boldsymbol{G}(s)$。根据式（8.8），系统传递函数矩阵可以进一步表示为

$$\begin{aligned} \boldsymbol{G}(s) &= \begin{bmatrix} \boldsymbol{\varphi}_1 & \boldsymbol{\varphi}_2 & \cdots & \boldsymbol{\varphi}_n \end{bmatrix} \begin{bmatrix} G_1\boldsymbol{\varphi}_1^{\mathrm{T}} \\ G_2\boldsymbol{\varphi}_2^{\mathrm{T}} \\ \vdots \\ G_n\boldsymbol{\varphi}_n^{\mathrm{T}} \end{bmatrix} \\ &= G_1\boldsymbol{\varphi}_1\boldsymbol{\varphi}_1^{\mathrm{T}} + G_2\boldsymbol{\varphi}_2\boldsymbol{\varphi}_2^{\mathrm{T}} + \cdots + G_n\boldsymbol{\varphi}_n\boldsymbol{\varphi}_n^{\mathrm{T}} \\ &= \sum_{r=1}^{n} G_r\boldsymbol{\varphi}_r\boldsymbol{\varphi}_r^{\mathrm{T}} \end{aligned} \quad (8.9)$$

式中，$\boldsymbol{\varphi}_r$ 是用质量矩阵归一化处理后的第 r 阶模态向量（$n \times 1$）。式（8.9）中的 $\boldsymbol{\varphi}_r\boldsymbol{\varphi}_r^{\mathrm{T}}$ 为 $n \times n$ 的矩阵，(i, j) 位置的矩阵元素为 $(\varphi_i\varphi_j)_r$。系统传递函数矩阵 $\boldsymbol{G}(s)$ 在 (i, j) 位置的传递函数 $G_{ik}(s)$ 表示位置 k 的激励与位置 i 位移响应的传递特性，表示为

$$\begin{aligned} G_{ik}(s) &= \sum_{r=1}^{n} G_r(\varphi_i\varphi_k)_r \\ &= \sum_{r=1}^{n} \frac{(\varphi_i\varphi_k)_r}{s^2 + 2\zeta_r\omega_r s + \omega_r^2} \end{aligned} \quad (8.10)$$

式（8.10）在实验模态分析中起着重要的作用，式中，$(\varphi_i\varphi_k)_r$ 为第 r 阶模态的留数。为了辨识式（8.10），采用的实验模态分析基本步骤为：①提取模态频率 ω_r（固有频率）、模态阻尼比 ζ_r；②提取留数 $(\varphi_i\varphi_k)_r$，计算模态振型；③估计时域模型中的质量矩阵 $\boldsymbol{M}$、刚度矩阵 $\boldsymbol{K}$ 和线性阻尼矩阵 $\boldsymbol{C}$。

8.1.2　互易性定理

根据系统传递函数矩阵的对称性[$\boldsymbol{G}^{\mathrm{T}}(s) = \boldsymbol{G}(s)$]，有

$$G_{ik}(s) = G_{ki}(s) \tag{8.11}$$

该对称性可用于证明互易性定理。把式（8.8）写成以下完备表达

$$Y_1(s) = G_{11}(s)F_1(s) + \cdots + G_{1k}(s)F_k(s) + \cdots + G_{1n}(s)F_n(s)$$
$$\cdots$$
$$Y_i(s) = G_{i1}(s)F_1(s) + \cdots + G_{ik}(s)F_k(s) + \cdots + G_{in}(s)F_n(s) \tag{8.12}$$
$$\cdots$$
$$Y_n(s) = G_{n1}(s)F_1(s) + \cdots + G_{nk}(s)F_k(s) + \cdots + G_{nn}(s)F_n(s)$$

式中，对角传递函数 G_{11}，G_{22}，$\cdots$，G_{nn} 称为驱动点传递函数，其他为跨点传递函数。仅在位置 k 有激励力 $F_k(s)$ 时，第 i 点的位移响应为

$$Y_i(s) = G_{ik}(s)F_k(s) \tag{8.13}$$

同样，仅在第 i 点有激励力 $F_i(s)$ 时，第 k 点的位移响应为

$$Y_k(s) = G_{ki}(s)F_i(s) \tag{8.14}$$

显然，根据系统传递函数矩阵的对称性 [式（8.11）]，当激励力 $F_i(s)$ 与 $F_k(s)$ 相同时，对应的位移响应 $Y_k(s)$ 与 $Y_i(s)$ 也是相同的。因此，互易性定理可完整表述为：对于结构第 i 与第 k 两个不同的自由度，分别在这两个自由度方向进行相同的激励时，其对应的位移响应将保持不变。在实验模态分析中，可以应用互易性定理判断系统是否是线性的。图 8.1 是采用力锤与激振器进行互易性测试的示例，通过测试可以验证系统传递函数矩阵是否对称及系统是否存在非线性。

8.1.3　用于模型辨识的其他传递函数与频率响应函数表达

系统传递函数矩阵 $\boldsymbol{G}(s)$ 可以写成部分分式形式、极点-零点形式（或多项式展开）、时域脉冲响应函数

$$\boldsymbol{G}(s) = \sum_{r=1}^{n}\left[\frac{A_r}{s - p_r} + \frac{A_r^*}{s - p_r^*}\right] \tag{8.15}$$

$$\boldsymbol{G}(s) = \prod_{r=1}^{n}\left[\frac{(s-z_r)(s-z_r^{*})}{(s-p_r)(s-p_r^{*})}\right] \tag{8.16}$$

$$\boldsymbol{h}(t) = \sum_{r=1}^{n}\frac{1}{m_r\omega_{dr}}\,\mathrm{e}^{-\sigma_r t}\sin\omega_{dr}t \tag{8.17}$$

式中，*表示复数共轭，A_r 为模态留数矩阵，p_r 为第 r 阶模态极点，z_r 为第 r 阶模态零点，m_r 为第 r 阶模态质量，ω_{dr} 为第 r 阶有阻尼固有频率，σ_r 为第 r 阶模态衰减系数，s 为拉普拉斯算子。

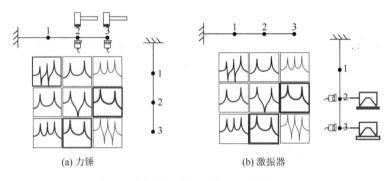

图 8.1　力锤与激振器激励互易性测试

式（8.15）的系统频率响应函数矩阵为

$$\boldsymbol{G}(\mathrm{i}\omega) = \sum_{r=1}^{n}\left[\frac{A_r}{\mathrm{i}\omega-p_r}+\frac{A_r^{*}}{\mathrm{i}\omega-p_r^{*}}\right] \tag{8.18}$$

对于单自由度系统部分分式传递函数

$$h(s) = \frac{a_1}{s-p_1}+\frac{a_1^{*}}{s-p_1^{*}} \tag{8.19}$$

根据留数定理，留数可在根位置处估计系统传递函数得到，为

$$a_1 = h(s)(s-p_1)\Big|_{s\to p_1} = \frac{1}{2\mathrm{i}m\omega_d} \tag{8.20}$$

同理，其复数共轭留数为

$$a_1^{*} = -\frac{1}{2\mathrm{i}m\omega_d} \tag{8.21}$$

根据式（8.10）、式（8.20）和式（8.21），式（8.18）频率响应函数矩阵的留数矩阵表达为

$$\boldsymbol{A}(s)_r = q_r\boldsymbol{\varphi}_r\boldsymbol{\varphi}_r^{\mathrm{T}} \tag{8.22}$$

式中，q_r 为常数，对于单位质量缩放（或质量矩阵归一化振型矩阵），$q_r = \dfrac{1}{2\mathrm{i}\omega_r}$。

8.2　实验模态分析原则

实验模态分析是从测试得到的激励响应数据（频率响应函数）中提取模态参数（固有频率、模态阻尼与模态振型）的过程。有效可靠的实验模态分析要求合理规划频率响应数据集与获取质量可靠的频率响应数据。

8.2.1　有效频率响应数据集的规划与准备

式（8.10）传递函数对应的频率响应函数（用 $s = \mathrm{i}\omega$ 替换）为

$$G_{ik}(\omega) = \sum_{r=1}^{n} \frac{(\varphi_i \varphi_k)_r}{\omega_r^2 - \omega^2 + 2\mathrm{i}\zeta_r \omega_r \omega} \qquad (8.23)$$

式（8.23）是根据测试获取的频率响应数据提取模态数据的基础。但是，并不需要按照系统传递函数矩阵测试全部的频率响应数据 $G_{ik}(\omega)$，即 n^2 个传递函数。根据系统频率响应函数矩阵 $\boldsymbol{G}(\mathrm{i}\omega)$ 的对称性，完成模态参数辨识最多需要 $0.5n(n+1)$ 个频率响应数据。实际上，最少仅需 n 个频率响应数据即可完成系统模态参数的辨识，如利用系统频率响应函数矩阵的任何一行或列的频率响应数据即可完成模态辨识。

假定获取了频率响应矩阵的第 k 列，表示测量的频率响应数据为在第 k 自由度方向的激励响应。模态参数提取的主要步骤如下。

（1）按式（8.23）对 n 个频率响应数据进行拟合，提取各阶模态频率 ω_r、模态阻尼比 ζ_r 及留数 $(\varphi_i \varphi_k)_r$。

（2）根据获取的传递函数矩阵对角元素（频率响应数据 G_{kk}）的留数 $(\varphi_k^2)_1$，$(\varphi_k^2)_2$，$\cdots$，$(\varphi_k^2)_n$，计算各阶模态向量的第 k 行元素，$(\varphi_k)_1$，$(\varphi_k)_2$，$\cdots$，$(\varphi_k)_n$。

（3）根据传递函数矩阵的非对角元素（频率响应数据 $G_{k+i,k}$）及（2）的结果，计算振型向量的其他元素。

按传递函数矩阵的行或列准备的频率响应测试集可以提取模态参数，其原因在于传递函数矩阵的每一行或列均完备包含振型向量的元素。但也可以组建非按行或列准备的频率响应测试集用于模态参数辨识。图 8.2 为可能构建的不同频率响应测试集规划。显然，有些测试集是冗余完备的，有些是最小完备的，但都可以用于模态参数辨识。图中有一个测试集的频率响应数据数量大于 n，但是不完备，不能用于模态参数辨识。造成这一现象的原因是，该频率响应测试集并没有完全包含模态振型数据。图 8.2 的两个可用频率响应测试集并不是按行或列规划的。

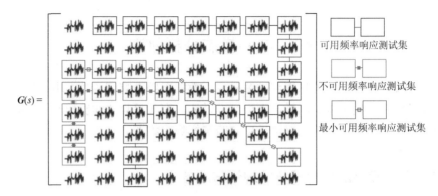

图 8.2　可用频率响应测试集、不可用频率响应测试集与最小可用频率响应测试集示例

8.2.2　提取系统物理参数方法

一旦通过数据拟合完成系统模态参数的辨识，那么还可进一步提取系统时域模型对应的系统参数，包括质量矩阵 $\boldsymbol{M}$、刚度矩阵 $\boldsymbol{K}$ 和线性阻尼矩阵 $\boldsymbol{C}$（假定阻尼为比例阻尼）。

根据质量正则化振型矩阵对质量矩阵、刚度矩阵和线性阻尼矩阵的解耦关系为

$$\boldsymbol{M} = (\boldsymbol{\Phi}^{\mathrm{T}})^{-1}\bar{\boldsymbol{M}}\boldsymbol{\Phi}^{-1} \tag{8.24}$$

$$\boldsymbol{K} = (\boldsymbol{\Phi}^{\mathrm{T}})^{-1}\bar{\boldsymbol{K}}\boldsymbol{\Phi}^{-1} \tag{8.25}$$

$$\boldsymbol{C} = (\boldsymbol{\Phi}^{\mathrm{T}})^{-1}\bar{\boldsymbol{C}}\boldsymbol{\Phi}^{-1} \tag{8.26}$$

式中，$\bar{\boldsymbol{M}} = \boldsymbol{I}$ 为单位矩阵，$\bar{\boldsymbol{K}} = \mathrm{diag}\left[\omega_1^2\ \omega_2^2\cdots\ \omega_n^2\right]$ 为对角矩阵，$\bar{\boldsymbol{C}} = \mathrm{diag}[2\zeta_1\omega_1\ 2\zeta_2\omega_2\cdots\ 2\zeta_n\omega_n]$ 为对角矩阵。因为模态振型矩阵与质量矩阵非奇异，式（8.24）～式（8.26）可以进一步改写为

$$\boldsymbol{M} = \left(\boldsymbol{\Phi}\bar{\boldsymbol{M}}^{-1}\boldsymbol{\Phi}^{\mathrm{T}}\right)^{-1} = \left(\boldsymbol{\Phi}\boldsymbol{\Phi}^{\mathrm{T}}\right)^{-1} \tag{8.27}$$

$$\boldsymbol{K} = \left(\boldsymbol{\Phi}\bar{\boldsymbol{K}}^{-1}\boldsymbol{\Phi}^{\mathrm{T}}\right)^{-1} \tag{8.28}$$

$$\boldsymbol{C} = \left(\boldsymbol{\Phi}\bar{\boldsymbol{C}}^{-1}\boldsymbol{\Phi}^{\mathrm{T}}\right)^{-1} \tag{8.29}$$

式中，

$$\bar{\boldsymbol{K}}^{-1} = \mathrm{diag}\left[1/\omega_1^2\ 1/\omega_2^2\cdots\ 1/\omega_n^2\right] \tag{8.30}$$

$$\bar{\boldsymbol{C}}^{-1} = \mathrm{diag}\left[1/2\zeta_1\omega_1\ 1/2\zeta_2\omega_2\cdots\ 1/2\zeta_n\omega_n\right] \tag{8.31}$$

但是测试获得的频率响应数据的高频成分测量精度不高，这会影响时域模型质量矩阵、刚度矩阵和线性阻尼矩阵的辨识精度。通过实验模态分析，常常仅能有效辨识低阶模态参数。因此，一般不可能准确辨识时域模型的质量矩阵、刚度矩阵与线性阻尼矩阵。其原因包括：①信号采样频率混叠对高频信号的干

扰；②高频阻尼小、共振峰尖、频率分辨率有限，造成高频模态频率与模态阻尼辨识误差；③高频信号信噪比差；④高维矩阵的计算误差。

8.3　传递函数的曲线拟合

8.3.1　曲线拟合问题描述

激励响应数据（频率传递函数）是实验模态分析过程中首先获得的测试数据。但这些数据不能直接用于后续的模态分析任务。实验模态分析的重要任务是按照传递函数模型［如式（8.18）、式（8.19）或式（8.20）］对这些激励响应数据，采用曲线拟合或峰值拾取（peak picking）等方法辨识出模型参数，得到计算解析传递函数模型。

系统传递函数模型矩阵中的单项（感兴趣带宽）表达为

$$G_{ik}(\omega) = R_L + \sum_{r=1}^{m} \frac{(\varphi_i \varphi_k)_r}{\omega_r^2 - \omega^2 + 2\mathrm{i}\zeta_r \omega_r \omega} + R_U \tag{8.32}$$

式中，R_L 为下残余项，R_U 为上残余项。当对带内模态进行辨识时，带外模态对其辨识是有影响的。下残余项 R_L 引起低阶模态的质量影响，上残余项 R_U 引起高阶模态的刚度影响。图 8.3 显示出残余模态效应对带内频率响应数据估计的系统传递函数有影响。

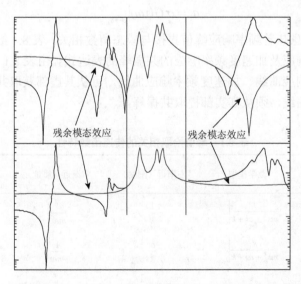

图 8.3　残余模态效应对带内频率响应数据估计的系统传递函数的影响

对测量得到的频率响应数据进行曲线拟合，可以是一个频率响应数据、一列/行频率响应数据或多列/行频率响应数据，分别称为局部曲线拟合、整体曲线拟合和多参考线曲线拟合。例如，MEscope 模态分析软件包括与之对应的"Local Polynomial"、"Global Polynomial"和"Multi-Reference Polynomial"三种曲线拟合方法。

根据计算解析传递函数模型可以得到更清晰的系统特性表达。传递函数的曲线拟合方法分为频域方法和时域方法，本节仅介绍频域方法中的单自由度和多自由度曲线拟合方法。

8.3.2 单自由度曲线拟合方法

1. 峰值拾取方法

峰值拾取方法是早期的模态参数提取技术。它可以粗略地获得系统留数。它是通过频率响应峰值位置确定固有频率，通过半功率带宽估计阻尼。对于单自由度振动系统，留数可表示为

$$G(\mathrm{i}\omega)\big|_{\omega\to\omega_n} = \frac{a_1}{\mathrm{i}\omega_n + \sigma - \mathrm{i}\omega_d} + \frac{a_1^*}{\mathrm{i}\omega_n + \sigma + \mathrm{i}\omega_d} \tag{8.33}$$

对轻阻尼系统，有阻尼固有频率与系统固有频率近似相等，因此留数可以近似为

$$a_1 = \sigma\, G(\mathrm{i}\omega)\big|_{\omega\to\omega_n} \tag{8.34}$$

式（8.34）意味着频率响应峰值直接与模态留数相关。表 8.1 给出位移频率响应、速度频率响应及加速度频率响应的共振峰的表达式。由表 8.1 及图 8.4 所示，根据位移频率响应曲线、加速度频率响应曲线，可从其虚部获取共振峰，而根据速度频率响应曲线，须从其实部提取共振峰。

表 8.1 峰值拾取相关的传递函数特性

传递函数类型	数学模型	左渐近（刚度）	右渐近（质量）	共振峰 $G_{\text{peak}}(\mathrm{i}\omega)$
位移频率响应	$\dfrac{1}{ms^2 + cs + k}\Big|_{s=\mathrm{i}\omega}$	$\dfrac{1}{k}$	$\dfrac{1}{m\omega^2}$	$-\dfrac{\mathrm{i}}{c\omega_n}$
速度频率响应	$\dfrac{s}{ms^2 + cs + k}\Big|_{s=\mathrm{i}\omega}$	$\dfrac{\omega}{k}$	$\dfrac{1}{m\omega}$	$\dfrac{1}{c}$
加速度频率响应	$\dfrac{s^2}{ms^2 + cs + k}\Big|_{s=\mathrm{i}\omega}$	$\dfrac{\omega^2}{k}$	$\dfrac{1}{m}$	$\dfrac{\mathrm{i}\omega_n}{c}$

注：在轻阻尼情况下，有阻尼固有频率 $\omega_d \approx \omega_n$。

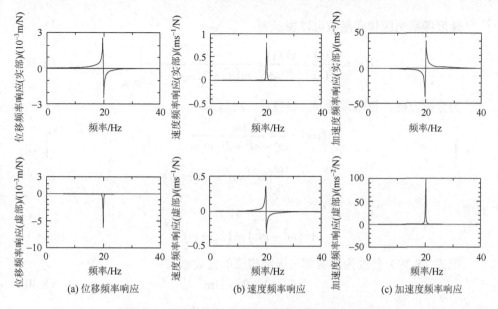

(a) 位移频率响应　　　　(b) 速度频率响应　　　　(c) 加速度频率响应

图 8.4　有阻尼单自由度系统频率响应实部与虚部

　　针对轻阻尼且各阶模态分离较远时，峰值拾取方法可以很好地提取模态参数。但对于各阶模态靠近时，须考虑残余模态的影响。这时，单模态频率响应函数（位移频率响应传递函数）可表示为

$$G(\mathrm{i}\omega)=\frac{1}{m\omega^2}+\frac{1}{m(\mathrm{i}\omega)^2+c(\mathrm{i}\omega)+k}+\frac{1}{k} \tag{8.35}$$

式中，等号右边第 1 项表示低阶模态质量区残余模态影响，第 2 项表示该单模态频率响应，第 3 项表示高阶模态刚度区残余模态影响。

2. 圆拟合方法

　　对于有阻尼单自由度振动系统，其在黏性阻尼情况下的速度频率响应传递函数在奈奎斯特平面上的曲线为一个圆曲线。但单自由度振动系统阻尼为磁滞阻尼时，其位移频率响应传递函数在奈奎斯特平面上的曲线也为一个圆曲线。根据这一特性，可以构建基于圆拟合的参数辨识方法。

　　考虑黏性阻尼的单自由度的动力学微分方程

$$m\ddot{y}+c\dot{y}+ky=f(t) \tag{8.36}$$

式中，m、c、k 分别为系统的质量、黏性阻尼系数、刚度。改写为质量归一化微分方程

$$\ddot{y}+2\zeta\omega_n\dot{y}+\omega_n^2 y=\frac{1}{m}f(t) \tag{8.37}$$

速度频率响应传递函数可以表示为

$$G(s) = \frac{V(s)}{F(s)} = \frac{sY(s)}{F(s)} = \left. \frac{s}{m\left(s^2 + 2\zeta\omega_n s + \omega_n^2\right)} \right|_{s=i\omega} \quad (8.38)$$

为分析方便，忽略常量 m，整理后，可写为

$$\begin{aligned}
G(i\omega) &= \frac{i\omega}{\omega_n^2 - \omega^2 + 2i\zeta\omega_n\omega} \\
&= \frac{i\omega}{\Delta}\left(\omega_n^2 - \omega^2 - 2i\zeta\omega_n\omega\right)
\end{aligned} \quad (8.39)$$

式中，

$$\Delta = \left(\omega_n^2 - \omega^2\right)^2 + \left(2\zeta\omega_n\omega\right)^2$$

把式（8.39）整理为由实部与虚部构成的复数形式

$$G(i\omega) = \mathrm{Re} + i\,\mathrm{Im} \quad (8.40)$$

式中，

$$\mathrm{Re} - \frac{2\zeta\omega_n\omega^2}{\Delta}, \quad \mathrm{Im} = \frac{\omega}{\Delta}\left(\omega_n^2 - \omega^2\right)$$

观察式（8.40），存在以下等式关系

$$\begin{aligned}
\left(\mathrm{Re} - \frac{1}{4\zeta\omega_n}\right)^2 + \mathrm{Im}^2 &= \left[\frac{4\zeta^2\omega_n^2\omega^2 - \left(\omega_n^2 - \omega^2\right)^2}{4\zeta\omega_n\Delta}\right]^2 + \frac{\omega^2\left(\omega_n^2 - \omega^2\right)^2}{\Delta^2} \\
&= \frac{1}{16\zeta^2\omega_n^2} \\
&= R^2
\end{aligned} \quad (8.41)$$

把 m 代回式（8.41），如图 8.5（a）所示，速度频率响应传递函数的奈奎斯特曲线为圆心为 O_1、半径为 R 的圆，表示为

$$O_1 = \left(\frac{1}{4\zeta\omega_n m}, 0\right), \quad R = \frac{1}{4\zeta\omega_n m} \quad (8.42)$$

对于迟滞阻尼单自由度振动系统，其微分方程为

$$m\ddot{y} + \frac{h}{\omega}\dot{y} + y = f(t) \quad (8.43)$$

位移频率响应传递函数（频域）为

$$G(i\omega) = \frac{1}{\left(k - m\omega^2\right) + ih} \quad (8.44)$$

因此，其对应的奈奎斯特曲线为如图 8.5（b）所示的圆，圆心与半径如下

$$O_2 = \left(0, -\frac{1}{2h}\right), \quad R = \frac{1}{2h} \tag{8.45}$$

当系统有多个模态，且距离较近时，须考虑残余模态的影响。这时，第 r 阶模态的速度频率响应传递函数改写为

$$G_{ik}(\mathrm{i}\omega) = \frac{1}{m\omega} + \frac{\mathrm{i}\omega(\varphi_i\varphi_k)_r}{\omega_r^2 - \omega^2 + 2\mathrm{i}\zeta_r\omega_r\omega} + \frac{\omega}{k} \tag{8.46}$$

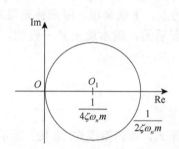 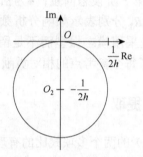

(a) 黏性阻尼下的速度频率响应传递函数　　(b) 迟滞阻尼下的位移频率响应传递函数

图 8.5　奈奎斯特曲线平面圆拟合

8.3.3　多自由度曲线拟合方法

系统传递函数的多项式解析表达为

$$G(s) = \left.\frac{b_0 + b_1 s + \cdots + b_m s^m}{a_0 + a_1 s + \cdots + a_{p-1} s^{p-1} + s^p}\right|_{m \leqslant p} = \left.\frac{B_m(s)}{A_p(s)}\right|_{m \leqslant p} \tag{8.47}$$

因系统有阻尼，有 $A_p(\mathrm{i}\omega) \neq 0$。建立频域传递函数估计的误差表达为

$$e_i = B_m(\mathrm{i}\omega_i) - G_i A_m(\mathrm{i}\omega_i) \tag{8.48}$$

式中，G_i 为频率点 ω_i（$i = 1, 2, \cdots, N$）传递函数测量值，N 为满足抗混采样的可用频率点数。

把误差函数改为二次形式，有

$$J = \sum_{i=1}^{N} |e_i|^2 = \sum_{i=1}^{N} e_i^* e_i \tag{8.49}$$

式中，e_i^* 为 e_i 的复数共轭，可将 $s = -\mathrm{i}\omega$ 代入式（8.48）得到。

针对二次误差函数 J，采用曲线拟合的最小二乘方法，即可辨识传递函数参数 a_i 和 b_i。

8.3.4   通用频域估计传递函数

上述多自由度曲线拟合方法的更通用的频域方法，对应的另一种位移频率响应传递函数基本方程为

$$G_{ik}(i\omega) = \sum_{r=1}^{m}\left(\frac{\varphi_{ir}L_{kr}}{i\omega - p_r} + *\right) + UR_{ik} + \frac{LR_{ik}}{\omega^2} \tag{8.50}$$

式中，φ_{ir} 为第 r 阶模态向量；*为括号项的复数共轭；L_{kr} 为第 r 阶模态参与因子；UR_{ik} 和 LR_{ik} 分别表示频响分析频带外的上、下残余项，用来补充带外影响。式（8.50）是采用模态振型而不是留数来表示的，但本质上是一致的。模态参与因子确定了每个参考点的相对贡献。

8.3.5   留数提取

式（8.47）的两个多项式比的有理分数形式，可转换成式（8.10）所示的部分分式表达。为了提取式（8.10）中的第 r 阶模态留数 $(\varphi_i\varphi_k)_r$，须首先计算第 r 阶固有频率 ω_r 和模态阻尼比 ζ_r。固有频率 ω_r 和模态阻尼比 ζ_r 可通过多自由度曲线拟合方法辨识得到模型参数 a_i，$i = 1,2,\cdots,p-1$，求解模型特征方程的特征根 λ_r 及其共轭 λ_r^* 得到。定义第 r 阶模态的特征方程为

$$\Delta_r(s) = s^2 + 2\zeta_r\omega_r s + \omega_r^2 \tag{8.51}$$

式中，$r = 1,2,\cdots,n$。根据式（8.10），第 r 阶模态留数为

$$(\varphi_i\varphi_k)_r = \left[G_{ik}(s) \cdot \Delta_r(s)\right]_{s=\lambda_r} \tag{8.52}$$

8.4   模态识别技术

准确的模态识别是一项困难的工作。但是可利用模态识别工具提高模态识别的准确性。集总函数、多变量模态指示函数、复模态指示函数和稳态图是常用的模态识别工具。

8.4.1   集总函数

集总函数（SUM）或增强频率响应函数是指对所有测量得到频率响应函数求和的结果。图 8.6 是利用 MEscope 模态分析软件中 "SUM M#s" 计算功能对所有频率响应函数求和的结果。对频率响应函数求和，可以突出模态峰值。然而，密集模态或重根模态使得集总函数无能为力。因此，这一工具仅在模态间隔较远才有效。

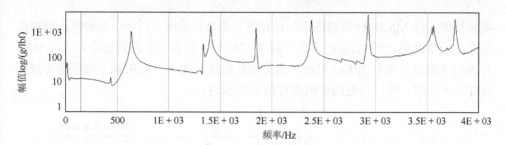

图 8.6　集总函数结果

MEscope 模态分析软件中的 SUM M#s 计算结果

8.4.2　多变量模态指示函数

模态指示函数（mode indicator function，MIF）可以用频率响应函数的实部和虚部表示

$$\text{MIF} = \frac{\boldsymbol{F}^{\mathrm{T}}\boldsymbol{G}_R^{\mathrm{T}}\boldsymbol{G}_R\boldsymbol{F}}{\boldsymbol{F}(\boldsymbol{G}_R^{\mathrm{T}}\boldsymbol{G}_R + \boldsymbol{G}_I^{\mathrm{T}}\boldsymbol{G}_I)\boldsymbol{F}} \tag{8.53}$$

式中，$\boldsymbol{F}$ 为频域激励力列向量，$\boldsymbol{G}_R$ 为位移频率响应实部，$\boldsymbol{G}_I$ 为位移频率响应虚部。该函数可以用于多参考频率响应数据，即多激励工况数据。每个参考点对应一条 MIF 曲线。按该函数，MIF 曲线下降意味该频率存在振动模态。MIF 工具比集总函数有更清晰、更具辨识度的模态指示。这是因为频率响应函数的实部在共振区有非常迅速的变化。

对多参考点数据的计算方法通常采用多变量模态指示函数（multivariate mode indicator function，MMIF），主 MIF 在每阶模态频率处都有极小值，而其他 MIF 在重根模态或伪重根模态处也有极小值。图 8.7 是两参考点的 MMIF 结果，显然，该被测结构在部分高阶固有频率对应两阶振动模态。图 8.8 是对单参考点频率

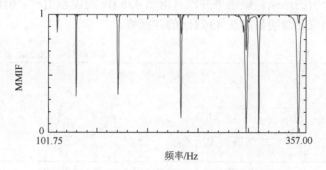

图 8.7　多变量模态指示函数结果（多参考点数据）

响应数据进行 MMIF 计算的结果，该计算与图 8.6 采用了同一个单参考点加速度频率响应数据集。但集总函数方法对频率 436 Hz 并没有明显的模态指示，而 MMIF 对该频率给出了明显的模态指示。值得注意的是，图 8.7 是用频率响应虚部进行 MMIF 计算的，所以，是用峰值进行模态指示的。

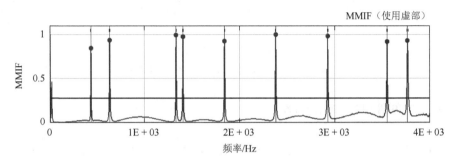

图 8.8 多变量模态指示函数结果

MEscope 模态分析软件中的单参考点数据 MMIF 计算结果

8.4.3 复模态指示函数

复模态指示函数（complex mode indicator function，CMIF）$\boldsymbol{G}$ 由频率响应函数的奇异值分解确定

$$\boldsymbol{G} = \boldsymbol{U} \begin{bmatrix} \ddots & & \\ & \boldsymbol{S} & \\ & & \ddots \end{bmatrix} \boldsymbol{V}^h \tag{8.54}$$

CMIF 是每条谱线的奇异值，通过曲线峰值进行模态指示。每个参考点对应一条 CMIF 曲线。图 8.9 是对与图 8.6、图 8.8 相同的单参考点加速度频率响应数据的集进行分析的结果。该结果并没有给出 436 Hz 的模态指示。但图 8.9 的上图测点 1 频率响应曲线明显存在 436 Hz 的共振峰。

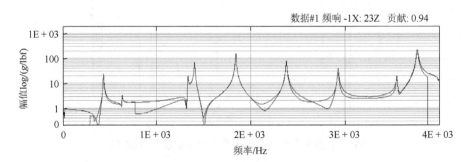

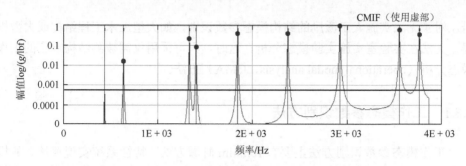

图 8.9　MEscope 模态分析软件中的复模态指示函数结果

8.4.4　稳态图

稳态图是一种从测量频率响应数据中提取极点的有效工具。其基本原理是，如果极点是系统的全局特征，那么随着参与拟合的阶数增加，由阶数逐渐增加的数学模型提取到的系统极点将重复出现。随着模型阶数的增加，其他的指示工具不具备这种连续指示的特点。当极点达到稳定后，用图形表征这些特性将对系统极点提供一些额外的洞察。通常情况下，稳态图会与集总函数、多变量模态指示函数或复模态指示函数一起显示。图 8.10 给出与图 8.6、图 8.8、图 8.9 相同的单参考点加速度频率响应数据集的 MEscope 稳态图计算结果（稳定极点最小数目为 5 个），不同的灰度代表不同的模态稳定程度。结合 CMIF 与稳态图极点分布，即可准确判断系统模态。MEscope 稳态图计算还支持频率容差、阻尼容差显示稳态图。

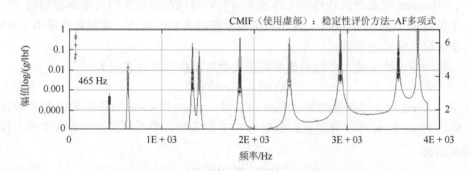

图 8.10　MEscope 模态分析软件中稳态图计算结果

8.5　工作模态分析

在对结构进行状态评估、有限元模型修正和损伤识别时，模态参数准确识别极其重要。上述实验模态分析可以完成这一任务，但需要准确获取结构的激励信号。对于无法实施人工激励的结构模态参数识别，如大型土木工程结构或大型机器，无法在实验室实施实验模态分析。这时，只可采用仅需被测结构响应的工作模态分析（operational modal analysis，OMA）方法。

8.5.1　工作模态参数识别方法

工作模态参数识别方法主要有 Ibrahim 时域方法、特征系统实现算法、随机子空间识别法、频域分解法、自回归频域模型和多参考频域方法。进行工作模态分析需要确保测量频率响应应满足一定条件，确保测量的频率响应包含所有的模态。

测量的响应是由于某种未知的力引起的，这些未知力作用在一些离散位置或作用在结构上某一大片区域。测量这些未知力引起的响应，可通过平均响应得到互谱，即假定某些响应为固定响应，而其他响应为移动响应。图 8.11 所示为响应谱测量的示意图，没有测量的力谱和待辨识的频率响应函数显示在阴影区。该图显示 465 Hz（图 8.10）模态并没有激励起来，原因是激励点正好位于结构的节点。因此，理想情况的工作模态分析的前提条件如下。

（1）力谱的带宽较宽且光滑。

（2）力谱是不相关的或者弱相关的。

（3）力作用在整个结构上。

（4）力在空间和时间上是随机的。

MEscope 模态分析软件的工作模态分析，可以在宽且平的力谱激励假设下，采用去卷积（deconvolution）窗函数提取系统冲击响应函数，使得可以采用 EMA 方法提取系统模态参数。

移动响应的多输入多输出频率响应函数矩阵模型可以表示为

$$X(\omega) = A(\omega)F(\omega) \tag{8.55}$$

式中，$X(\omega)$ 为 n 维向量的移动响应 FFT 谱，$A(\omega)$ 为 $n \times m$ 的移动 FRF 频率响应矩阵，$F(\omega)$ 为 m 维没有测量的激励力 FFT 谱向量。参考响应的多输入多输出模型表示为

$$Y(\omega) = B(\omega)F(\omega) \tag{8.56}$$

式中，$Y(\omega)$ 为 r 维向量的参考响应 FFT 谱，$B(\omega)$ 为 $r \times m$ 的参考 FRF 频率响应矩阵。

根据式（8.55）和式（8.56）可以得到多参考互功率谱矩阵为

$$G_{x,y}(\omega) = A(\omega)G_{f,f}(\omega)B(\omega)^{\mathrm{T}} \tag{8.57}$$

式中，$G_{x,y}(\omega) = X(\omega)Y(\omega)^{\mathrm{T}}$，为 $n \times r$ 的互功率谱矩阵；$G_{f,f}(\omega) = F(\omega)F(\omega)^{\mathrm{T}}$，

为 $m \times m$ 的激励力自功率谱矩阵，且为实值对称矩阵。$\boldsymbol{A}(\omega)$ 与 $\boldsymbol{B}(\omega)$ 也假定是对称的。$\boldsymbol{G}_{x,y}(\omega)$ 矩阵元素为移动响应与参考响应之间的互功率谱。互功率谱矩阵采用谱平均方式测量，这样可减小外部随机噪声和随机激励引起的非线性效应。

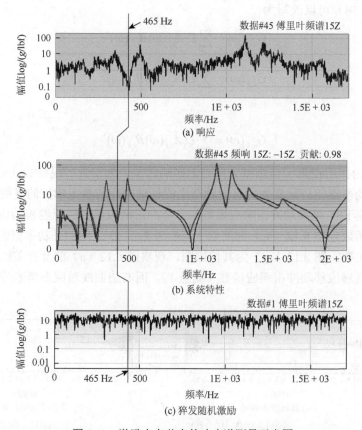

图 8.11 激励点在节点的响应谱测量示意图

考虑单参考点响应情况（固定响应自由度为 k），互功率谱矩阵 $\boldsymbol{G}_{x,y}(\omega)$ 对应的列为

$$G_{1,k}(\omega) = \sum_{i=1}^{m}\left[\sum_{j=1}^{m}A_{1,j}(\omega)\boldsymbol{C}_{j,i}(\omega)\right]B_{i,k}(\omega)^{*}$$

$$G_{2,k}(\omega) = \sum_{i=1}^{m}\left[\sum_{j=1}^{m}A_{2,j}(\omega)\boldsymbol{C}_{j,i}(\omega)\right]B_{i,k}(\omega)^{*}$$

$$\cdots \tag{8.58}$$

$$G_{n,k}(\omega) = \sum_{i=1}^{m}\left[\sum_{j=1}^{m}A_{n,j}(\omega)\boldsymbol{C}_{j,i}(\omega)\right]B_{i,k}(\omega)^{*}$$

式中，$C_{j,i}(\omega)$ 为激励力自功率谱矩阵，且为 $\boldsymbol{G}_{f,f}(\omega)$ 在 (j,i) 处的元素，$B_{i,k}(\omega)$ 为 $\boldsymbol{B}(\omega)$ 在 (i,k) 位置的元素，$A_{i,j}$ 为 $\boldsymbol{A}(\omega)$ 在 (i,k) 位置的元素，$*$ 表示复数共轭。

　　根据宽且平的激励假设，激励力自功率谱在分析频率范围可认为是常数。因此，式（8.58）可以改写为

$$G_{1,k}(\omega) = \sum_{i=1}^{m} D_i A_{1,i}(\omega) B_{i,k}(\omega)^{*}$$

$$G_{2,k}(\omega) = \sum_{i=1}^{m} D_i A_{2,i}(\omega) B_{i,k}(\omega)^{*} \qquad (8.59)$$

$$\cdots$$

$$G_{n,k}(\omega) = \sum_{i=1}^{m} D_i A_{n,i}(\omega) B_{i,k}(\omega)^{*}$$

式中，D_i 为作用在第 i 自由度方向力的影响因子，为常数。根据式（8.9），测量得到的互功率谱矩阵元素为所有激励产生的移动响应与参考响应的复数共轭乘积之和。其逆 FFT 是移动冲击响应函数与参考冲击响应函数进行卷积的运算结果，即互相关函数。图 8.12（a_1）为测点 1 与参考测点 15 之间的互功率谱的逆 FFT，即互相关函数，图 8.12（a_2）为其伯德图。观察图 8.12（a）的互相关函数，左边的衰减曲线对应移动冲击响应函数（测点 1），而右边曲线对应参考响应的冲击响

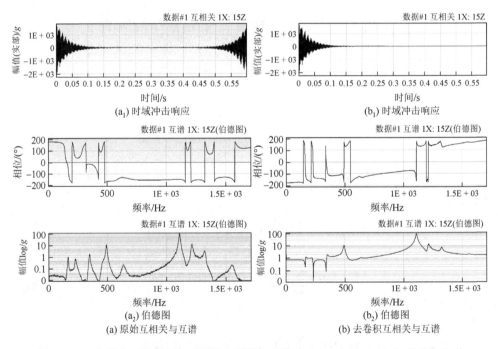

图 8.12　工作模态分析的原始互相关与互谱和去卷积（deconvolution）互相关与互谱

应函数（测点 15）。在 MEscope 模态分析软件中，选择 deconvolution 窗口，对其进行去卷积运算，结果如图 8.12（b₁）所示，图 8.12（b₂）为其伯德图。这样，通过去卷积滤波，就可以提取式（8.55）中的移动 FRF 频率响应矩阵。对该 FRF 频率响应矩阵进行曲线拟合（EMA 中的曲线拟合方法），即可辨识结构模态参数。

8.5.2　工作模态参数辨识案例

　　吕瑟峡湾大桥位于挪威峡湾狭窄的入海口。图 8.13 是对该大桥进行工作模态测试的加速度传感器布置图。桥上布置了 5 个加速度传感器，用来测量其受到随机风载激励下的振动位移响应，可获得 5 个振动位移响应构成的响应列向量。图 8.14 是其中两个不同加速度传感器输出积分后得到的位移信号及其功率谱密度，图中 r_z 表示测点 z 方向的振动位移响应。图中的功率谱密度图有 6 个明显的共振峰。由于风激励力信号无法测量，因此，对振动响应进行工作模态分析，辨识大桥的模态参数。

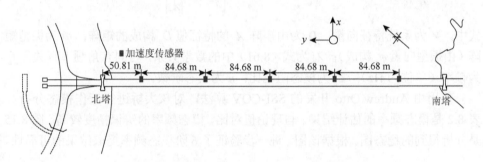

图 8.13　吕瑟峡湾大桥上的加速度传感器布置图

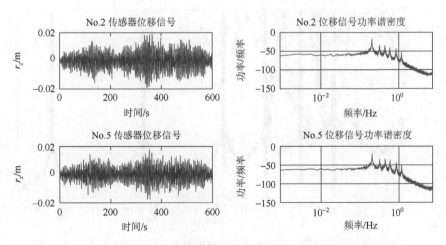

图 8.14　两个不同加速度传感器输出积分后的位移信号及其功率谱密度

采用随机子空间识别（stochastic subspace identification，SSI）方法，进行大桥工作模态分析。随机子空间参数辨识与以下离散状态空间方程相关。

$$x[k+1] = Ax[k] + v[k]$$
$$y[k] = Cx[k] + w[k]$$
(8.60)

式中，x 和 y 分别为系统状态向量和输出向量；A 和 C 分别为系统离散状态矩阵和输出矩阵；v 和 w 分别为状态噪声和输出噪声。SSI 方法的目标是假定未知 v 和 w 均为高斯白噪声特性，仅使用测量得到的输出向量 $y[k]$ 辨识系统矩阵 A、C。再根据下式，依据 A、C 提取模态参数

$$\begin{cases} A = VDV^{\mathrm{T}} \\ \Phi = CV \end{cases} \Rightarrow \begin{cases} \lambda_n = \dfrac{\ln(D_n)}{T} \\ f_n = \dfrac{|\lambda_n|}{2\pi} \\ \zeta_n = \dfrac{\mathrm{Re}(\lambda_n)}{|\lambda_n|} \end{cases}$$
(8.61)

式中，V 为系统特征向量；D 为由矩阵 A 的特征值 D_n 构成的矩阵；Φ 为振型矩阵（由振型向量 φ_n 构成）；λ_n 为式（8.61）中的数学关系，与固有角频率有关；f_n 为频率（单位为 Hz）；ζ_n 为模态阻尼比；n 为模态阶数。

使用由 Andrew Otto 开发的 SSI-COV 算法，对该大桥进行工作模态分析。表 8.2 是模态频率的估计结果。与理论值对比，模态频率的辨识精度较高。图 8.15 是分析得到的稳态图。根据该图，进一步验证了 6 阶模态频率提取结果的可靠性。

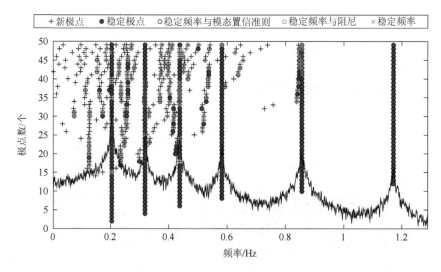

图 8.15　稳态图

表 8.2　吕瑟峡湾大桥的工作模态频率估计结果

模态频率	f_1/Hz	f_2/Hz	f_3/Hz	f_4/Hz	f_5/Hz	f_6/Hz
理论值	0.205	0.319	0.439	0.585	0.864	1.194
估计值	0.205	0.319	0.438	0.582	0.855	1.171

8.6　工作振型分析

8.6.1　基本原理

工作振型（ODS）分析不同于实验模态分析，它的变形形状是各阶模态振型的叠加。在机器处于工作状态时，机器结构受到工作载荷或环境载荷的激励，通过各种传递路径，在测量位置产生相应的振动响应。受工作载荷或环境载荷的激励，结构会被激起一些模态（只是部分模态）。而激励起来的每一阶模态都会在测量位置处产生相应的响应，因此，测量位置的响应包括该位置处各阶模态响应与强迫振动响应的叠加。当只考虑各阶模态振动叠加时，测量位置的响应可表示为

$$\boldsymbol{X}(\omega)=\begin{Bmatrix} x_1(\omega) \\ x_2(\omega) \\ \vdots \\ x_M(\omega) \end{Bmatrix}=\begin{bmatrix} \varphi_{11} & \varphi_{12} & \cdots & \varphi_{1N} \\ \varphi_{21} & \varphi_{22} & \cdots & \varphi_{2N} \\ \vdots & \vdots & \ddots & \vdots \\ \varphi_{M1} & \varphi_{M2} & \cdots & \varphi_{MN} \end{bmatrix}\begin{bmatrix} q_1(\omega) & q_2(\omega) & \cdots & q_N(\omega) \end{bmatrix}=\boldsymbol{\Phi Q} \quad (8.62)$$

式中，$\boldsymbol{\Phi}$ 为振型矩阵；$\boldsymbol{Q}$ 为各阶模态响应矩阵。该式表明测点响应为结构受工作载荷或环境载荷的激励所激起来的所有模态在这个位置处产生的响应叠加。

ODS 分析是测量处于工作状态下的响应，然后直接使用响应的时域或频域来显示结构变形振型，而实验模态分析需要进行参数提取。ODS 分析可分为时域 ODS 和频域 ODS，时域 ODS 是所有模态在当前时刻的叠加，频域 ODS 是所有模态在当前频率处的响应叠加。

8.6.2　使用 MEscope 进行 ODS FRF 分析

工作模态分析与 ODS 分析都是针对振动响应的分析。两者的区别在于工作模态分析可提取模态参数，得到模态振型，而 ODS 分析不能提取模态参数，仅显示工作振型（即各阶模态响应叠加）。MEscope 模态分析软件可以对测量响应的时域、频谱进行 ODS 分析，也可以进行 ODS 频率响应函数（FRF）分析。当激励未知时，ODS FRF 是比传递率 FRF（为移动点响应与参考点响应的比值）更好的选择。进行 ODS FRF 分析时，需要先构建时域响应数据集，并通过设置测点通道属性，其中，移动点响应通道设置为"Output"，参考点响应设置为"Both"或"Input"。

ODS FRF 的幅值取自移动点响应自功率谱的幅值，而相位取移动点响应与参考点响应的互功率谱相位。由于现场使用的便携式振动测试仪器通道有限，MEscope 也支持多数据集的 ODS FRF 分析，这时，应确保参考点响应在每个测试集中均能测量取得。但不同数据集的 ODS FRF 应进行幅值校正，每个 ODS FRF 应乘以修正系数 SF_i，其公式如下

$$SF_i = \sqrt{\frac{\sum\limits_{k=1}^{S} \overline{G}_k}{S \cdot \overline{G}_i}} \tag{8.63}$$

式中，S 为测试集数量，$\overline{G}_k$ 为测试集第 k 响应自功率的平均值，$\overline{G}_i$ 为测试集 i 参考点响应自功率谱的平均值。

对 ODS FRF 可以进行曲线拟合，提取模态（须选择 deconvolution 窗口处理），从而实现另外一种方式的工作模态分析。图 8.16 是进行 ODS FRF 曲线拟合后得到的齿轮箱工作模态振型。

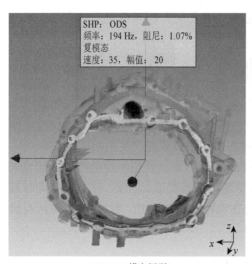
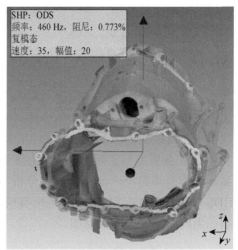

(a) 194 Hz模态振型　　　　　　　　　　　　(b) 460 Hz模态振型

图 8.16　ODS FRF 曲线拟合后得到的齿轮箱工作模态振型

8.7　实验模态测试操作要点

8.7.1　力锤及锤头配置的选择

对于锤击实验模态分析，除了遵循锤击点的选择避开结构振型节点、锤击方

向垂直于结构表面、保持锤击位置重复性、避免双击等操作要点外，还应按照分析带宽正确选择锤头类型。由于不同类型锤头（如软锤头和硬锤头）有不同的冲击带宽，力锤带宽与结构带宽范围不匹配，将直接影响频率响应数据质量。图 8.17 是三种不同配置（软锤头、超硬锤头与合适的锤头）进行锤击实验模态分析得到的相干情况与幅频响应。显然，软锤头表现为窄的冲击带宽，远小于需要结构的频率响应带宽，因而其高频相干较差、不同辨识第一阶模态频率附近的密集模态。超硬锤头配置所得的相干曲线很差，反映出硬锤头锤击引起了严重的非线性响应，幅频响应失真。图 8.17（c）是合适配置锤头的结果，共振峰处的相干值没有跌落，表明可根据该幅频响应提取模态参数。

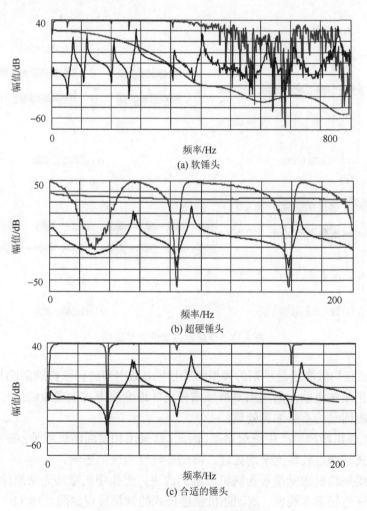

图 8.17　不同力锤锤头的锤击特性

8.7.2　电磁激振器激励信号及其窗函数的选择

电磁激振器激励信号可分成确定性信号和非确定性信号。一般来说，确定性信号适用于线性或轻微非线性的确定性系统。非确定性信号适用于消除系统中可能存在的参数变化和噪声的影响。具体来说，激振器激励类型包括步进正弦扫频激励、纯随机激励、加窗纯随机激励、重叠处理的纯随机激励、伪随机激励、周期随机激励、瞬态随机激励、快速正弦扫描激励、数字步进正弦扫频激励。图 8.18 给出其中 4 种激励类型的图形化解释。

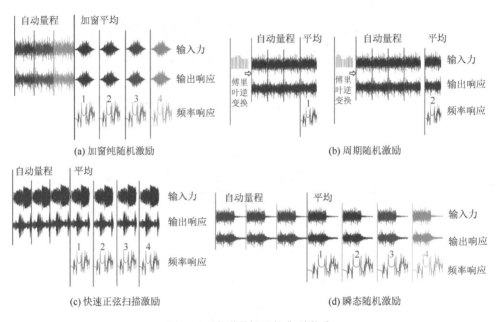

图 8.18　电磁激振器的典型激励

（1）正弦扫频激励是早期的模拟激励技术，数字步进正弦扫频激励与之类似，采用单频正弦波激励，但采用离散频谱傅里叶逆变换方式生成激励信号。这两种方法对激励信号均不必加窗处理。

（2）纯随机激励会产生泄漏误差，因此，常采用加窗纯随机激励［图 8.18（a）］。该激励方式须通过较多次平均处理，降低非线性效应的影响。

（3）周期随机激励是对伪随机激励的改进，但伪随机激励无法消除系统中可能存在的任何轻微非线性。周期随机激励模式的测量过程如图 8.18（b）所示。第一次平均的数据重复使用相同的信号，但第二次平均使用了不同的随机信号，每次平均都使用不同的随机信号。

（4）瞬态随机激励技术具备纯随机激励、伪随机激励和周期随机激励的所有优点，且消除了这些方法的缺点，其测量过程如图 8.18（d）所示。

（5）快速正弦扫描激励是线性结构测试的常用方法。对线性系统测量得到的频率响应是除数字步进正弦扫频激励之外最优的，其测量过程如图 8.18（c）所示。

8.7.3 提取模态参数的验证方法

评估所提取模态参数的可靠性主要通过频率响应综合和模态置信准则。

1. 使用提取模态参数频率响应综合

图 8.19 为 MEscope 模态分析软件根据模态参数完成的频率响应综合结果。通过观察综合得到频率响应与测量频率响应贴合度较高，即可判断所提取的模态参数具有较好的可靠性。

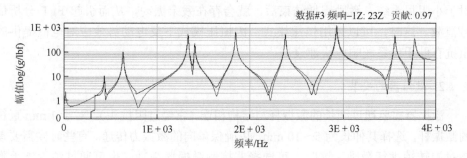

图 8.19 频率响应综合

2. 模态置信准则

模态置信准则（modal assurance criterion，MAC）是一种向量相关性工具，用来评估提取到的不同模态间的相关程度。不同的实验模态向量可以从使用不同的模态参数估计技术，或从频率响应矩阵不同的行或列，或从完全不同的模态试验提取。相应的 MAC 计算公式为

$$\text{MAC}_{ij} = \frac{\left(\boldsymbol{\varphi}_i^{\text{T}} \boldsymbol{\varphi}_j\right)^2}{\left(\boldsymbol{\varphi}_i^{\text{T}} \boldsymbol{\varphi}_i\right)\left(\boldsymbol{\varphi}_j^{\text{T}} \boldsymbol{\varphi}_j\right)} \tag{8.64}$$

$$\text{MAC}_{ij} = \frac{\left(\boldsymbol{\varphi}_i^{\text{H}} \boldsymbol{\varphi}_j\right)^2}{\left(\boldsymbol{\varphi}_i^{\text{H}} \boldsymbol{\varphi}_i\right)\left(\boldsymbol{\varphi}_j^{\text{H}} \boldsymbol{\varphi}_j\right)} \tag{8.65}$$

式中，T 表示进行实共轭向量转置，H 表示进行复共轭向量转置。式（8.64）用于实验模态向量的 MAC 计算，式（8.65）用于由幅值与相位表示的复模态向量的 MAC 计算。当 MAC 值接近 1 时，表明两个向量非常相关。当 MAC 值接近 0 时，表明两个向量相关性很差。

图 8.20 是 MEscope 模态分析软件提取结构模态参数，进行峰值检测法与 M-AFP-M-AFP 提取模态间的 MAC 计算值。图 8.21 是模态 MAC 图形矩阵显示。

8.7.4　激振器的设置与安装

1. 激振器功率放大器的恒压与恒流设置

如图 7.1 所示，功率放大器起到把激励信号线性功率放大的作用。激振器有恒流和恒压两种模式，大多数情况下功率放大器会设置为恒流模式。但当采用瞬态随机激励技术时，要求 FFT 单次分析周期结束之前，激励力信号衰减到零。功率放大器设置为恒流模式，在激励结束后，允许激振器线圈的电枢自由浮动。对于小阻尼系统，激励周期结束后，就会存在残余振动，从而引起 FFT 分析信号泄漏。这时，可以采用恒压模式，因恒压模式下反电动势效应对电枢提供的阻抗有助于使系统响应快速衰减。

2. 激振器的安装

激振器需要通过细长的激振杆与结构相连（常经过阻抗头），对于 1 mm 直径的激振杆，选择其伸长为 5～10 mm，以确保单向的激励力传递。有些时候需要直接对旋转轴进行激励，这时，可选择非接触激振器激励，也可通过轴承支承附件采用接触电磁激励。图 8.22 为采用传统的激振杆-电磁激振器形式的旋转轴模态测试案例。其中，轴承支承附件包含了力和响应传感器。还有一个需要考虑的问题是如何进行电磁激振器的安装与支承。图 8.23 为电磁激振器的几种安装方式。图 8.23（a）中，激振器采用与基础固定的安装，被测结构可以自由悬挂或固定。这种安装方式可以确保对结构施加足够的激励力。图 8.23（b）中，激振器悬挂安装，被测结构一般也自由悬挂。这种安装方式，激振器作用到结构的激励力较小。为了保证低频的激励力，常常通过附加质量增加低频惯性力。图 8.23（c）中，A 点响应并不完全由激励点 B 的作用力产生，还包括作用点 C 激励引起的响应。而 C 点产生的激励力是未知的。因此，这种安装方式是不合理的。图 8.23（d）中，为保证 B 点响应在选择带宽完全由 A 点激励引起，需要确保分析带宽远大于激振器悬挂的共振频率。这可使得激振器在分析带宽通过 C 点传递的激励力忽略不计。因此，图 8.23（d）的安装方案是否可行是有条件的。

模态提取方法	频率(或时间)	模态形式		第1阶模态	第2阶模态	第3阶模态	第4阶模态	第5阶模态	第6阶模态
	频率响应	阻尼	阻尼比/%	M-AFP-M-AFP	M-AFP-M-AFP	M-AFP-M-AFP	M-AFP-M-AFP	M-AFP-M-AFP	M-AFP-M-AFP
				436	636	1.34E+03	1.41E+03	1.85E+03	2.38E+03
				0.798	2.03	1.54	2.14	1.94	2.93
				0.183	0.319	0.115	0.152	0.105	0.123
第1阶模态 M-Peak	436	0.806	0.185	0.847	0.013	0.00198	0.000743	0.0104	0.00105
第2阶模态 M-Peak	636	1.86	0.292	5.76E−05	0.997	0.000521	0.0729	0.000226	0.0279
第3阶模态 M-Peak	1.34E+03	1.64	0.123	0.002	0.000288	0.993	0.000929	0.0514	0.000191
第4阶模态 M-Peak	1.41E+03	1.93	0.137	1.55E−05	0.0749	0.00788	0.987	2.65E−05	1.93E−05
第5阶模态 M-Peak	1.85E+03	1.8	0.0976	0.000628	0.000216	0.0542	1.7E−05	0.982	0.000135
第6阶模态 M-Peak	2.38E+03	2.2	0.0925	6.89E−05	0.0305	1.41E−05	1.18E−05	0.000138	0.968
第7阶模态 M-Peak	2.93E+03	2.44	0.0832	0.00105	0.000135	0.000369	0.0219	0.000143	0.0401
第8阶模态 M-Peak	3.55E+03	2.44	0.0685	3.47E−07	0.00535	0.0509	0.000231	0.0016	0.0125
第9阶模态 M-Peak	3.77E+03	4.34	0.115	0.00107	0.00273	0.000309	0.000223	0.000194	0.0022

图 8.20　两种模态提取方法的模态 MAC 数值

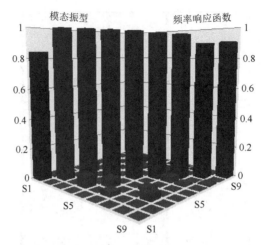

图 8.21　模态 MAC 图形矩阵显示

图 8.22　采用轴承支承附件的旋转轴正交电磁激振器激励

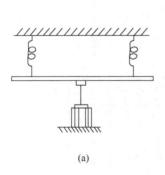

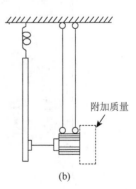

(a)　　　　　　　　　　　　　　(b)

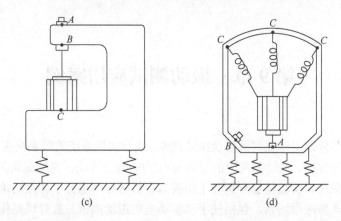

图 8.23　激振器的安装方式：（a）、（b）、（d）为可行的安装，（c）为不可行的安装

8.8　本章小结

实验模态分析技术是完成结构修改、模态参数辨识、结构损失诊断等的重要分析工具。本章在第 1 章到第 3 章的理论基础上，结合实验模态分析背景进一步阐述了相关的理论内容，并阐述了实验模态分析的原则，包括有效频率响应数据测量的规划与准备、系统物理参数的提取方法。本章重点阐述了实验模态分析技术关键技术——传递函数的曲线拟合方法。针对模态提取与模态验证目标，本章阐述了相关模态识别技术，包括集总函数、多变量模态指示函数、复模态指示函数和稳态图。结合 MEscope 模态分析软件，阐述了工作模态分析的理论与案例。本章最后给出了一些实验模态测试操作要点。

参 考 文 献

阿维塔比莱，2019. 模态试验实用技术：实践者指南[M]. 谭祥军，钱小猛，译. 北京：机械工业出版社.

Bucher I，Ewins D J，2001. Modal analysis and testing of rotating structures[J]. Philosophical Transactions of the Royal Society of London：Series A：Mathematical，Physical and Engineering Sciences，359（1778）：61-96.

de Silva C W，2000. Vibration：Fundamentals and practice[M]. Boca Raton：CRC Press.

Ewins D J，2000. Modal testing：Theory，practice and application[M]. 2nd ed. London：Research Studies Press.

Otto A，2018. OoMA Toolbox [EB/OL].（2018-09-06）. https://www.mathworks.com/matlabcentral/fileexchange/68657-ooma-toolbox，MATLAB Central File Exchange.

Schwarz B，Richardson M，2007. Using a de-convolution window for operating modal analysis[C]//Proceedings of the IMAC，Scotts Valleg：Vibrand Technology Inc.，1-7.

Shih C Y，Tsuei Y G，Allemang R J，et al.，1988. Complex mode indication function and its applications to spatial domain parameter estimation[J]. Mechanical Systems and Signal Processing，2（4）：367-377.

Williams R，Crowley J，Vold H，1985. The multivariate mode indicator function in modal analysis[C]//International Modal Analysis Conference，1-6.

第9章 振动测试应用案例

前面章节分别对线性离散系统振动理论、线性离散系统的频率响应、模态分析、典型振动信号分析、振动测量中的运动与力/力矩传感方法、先进振动测量技术、振动测试仪器系统、实验模态分析与工作模态分析等方面进行了详细的论述。本章主要针对几个典型应用场景，包括扶手梯驱动电机振动测试、直升机尾传动轴振动测试、锤激励的实验模态分析与工作模态分析、激振器激励的实验模态分析和柔顺纳米定位平台的频率响应测量与系统辨识，论述振动测试技术在振动测量、振动信号分析、实验模态分析及系统辨识等方面的应用与实践。

9.1 扶手梯驱动电机振动测试

9.1.1 问题描述与测试规划

在新一代信息技术、城市智慧化需求的驱动下，智慧城市的建设日益受到各方的关注。对城市中安全性要求极高的运行装备的监测维护日益成为智慧城市建设的关键节点。自动扶梯广泛应用在城市商场、地铁等城市公共设施内，是智慧城市中需要重点进行安全性监测的机电设备。驱动电机状态良好是扶梯传动系统安全可靠运行的关键。图 9.1 是自动扶梯结构及其主电机的位置。通过扶梯主电机振动监测，是一个有效的设备状态监测方法。

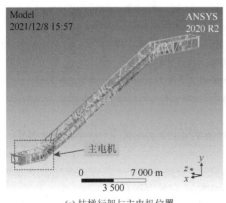

(a) 扶梯行架与主电机位置　　　　　　　　　(b) 扶梯双主电机

图 9.1　自动扶梯结构及其主电机位置

针对某地铁扶梯电机进行振动测试，测试点布局见图 9.2。采用江苏联能 IEPE 型工业级加速度传感器，分别靠近电机前轴承和后轴承。采用江苏联能 16 位工业级采集模块及 LabVIEW 在线振动监测系统进行振动信号采集与分析。主电机工作转速为 1 000 r/min（转频为 16.67 Hz），轴承型号为 NSK（或 SKF）6314（前轴承）和 6312（后轴承）。轴承特征频率见表 9.1。振动信号采样频率为 25 600 Hz。

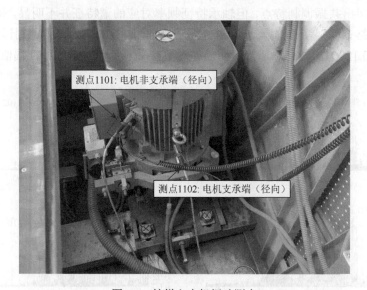

图 9.2　扶梯主电机振动测点

表 9.1　轴承特征频率

轴承型号	内圈通过频率 (BPFI)/Hz	外圈通过频率 (BPFO)/Hz	滚珠通过频率 (BSF)/Hz	保持架旋转频率 (FTF)/Hz
NSK 6314	82.067	51.267	68.333	6.417
NSK 6312	82.267	51.067	67.350	6.383

9.1.2　测试结果与分析

分别对地铁站 A 扶梯上下行工况和地铁站 B 扶梯下行工况进行振动测试。其中，地铁站 A 扶梯上下行主电机振动各进行 1 次振动信号采集，地铁站 B 扶梯下行主电机振动进行 1 次振动信号采集。更换主电机前后轴承后，再分别对地铁站 A 和 B 的扶梯主电机进行 1 次振动信号采集。对采集到的振动信息进行傅里叶频谱和包络谱分析，其中，包络谱分析参数为中心频率 3 500 Hz、分析带宽 2 000 Hz。

图 9.3、图 9.4 左侧子图分别是地铁站 A 扶梯上行主电机前后两个位置（1102 与 1101）振动信号的傅里叶频谱和包络谱。图 9.3、图 9.4 右侧子图分别是更换前后轴承后主电机前后两个位置（1102 与 1101）振动信号的傅里叶频谱和包络谱。图 9.5、图 9.6 是地铁站 A 扶梯下行主电机前后轴承更换前后的傅里叶频谱和包络谱。根据图 9.3 所示的傅里叶频谱，更换轴承前频谱幅值较大，0～4 000 Hz 范围谱特征表现出共振调制特点，但轴承特征频率对应的谱特征并不明显。但从图 9.4 所示的包络谱看，更换轴承前信号包络谱特征为 16.67 Hz 转频调制谱分布，同时存在 80.127 Hz 的高峰，幅值明显超过更换轴承后包络谱的特征幅值。该特征

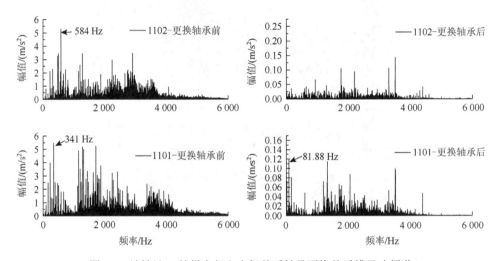

图 9.3　地铁站 A 扶梯上行主电机前后轴承更换前后傅里叶频谱

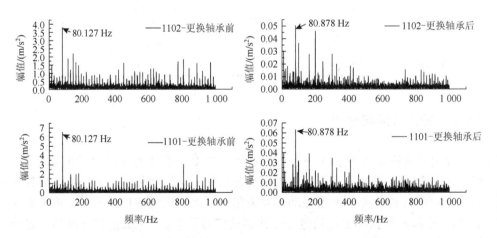

图 9.4　地铁站 A 扶梯上行主电机前后轴承更换前后包络谱

频率与轴承内圈通过频率（BPFI）接近，可判定为轴承内圈故障。图 9.5、图 9.6 下行傅里叶频谱与包络谱也有同样特征，但下行包络谱轴承内圈特征幅值要小一些。

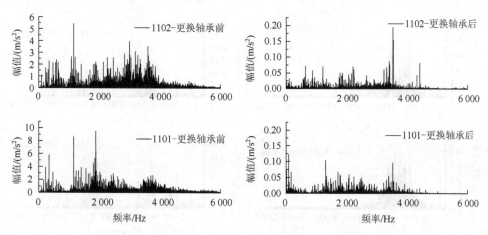

图 9.5　地铁站 A 扶梯下行主电机前后轴承更换前后傅里叶频谱

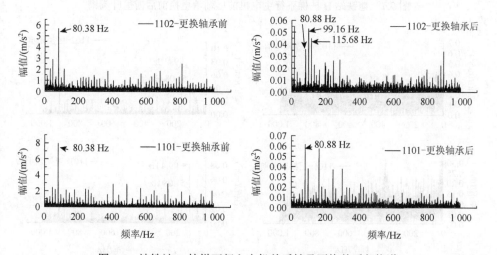

图 9.6　地铁站 A 扶梯下行主电机前后轴承更换前后包络谱

图 9.7、图 9.8 左侧子图分别是地铁站 B 扶梯下行主电机前后两个位置（1102 与 1101）振动信号的傅里叶频谱和包络谱。图 9.7、图 9.8 右侧子图分别是更换前后轴承后主电机前后两个位置（1102 与 1101）振动信号的傅里叶频谱和包络谱。从图 9.7 更换轴承前后的傅里叶频谱看出，更换轴承前的频谱幅值增加并不是很多，但频谱分布有明显特征，表现在 2 000～5 000 Hz 范围密集频谱成分，与摩擦激励振动宽频谱特征类似。进一步从图 9.8、图 9.9 包络谱看出，没有明显轴承特征谱线，但包络谱表现出随机宽频谱，不存在主导的低频调制谱特征。把

故障驱动电机轴承拆解后，发现保持架存在摩擦痕迹，这进一步佐证了包络谱表现出随机宽频谱特征能反映摩擦激励的判定。

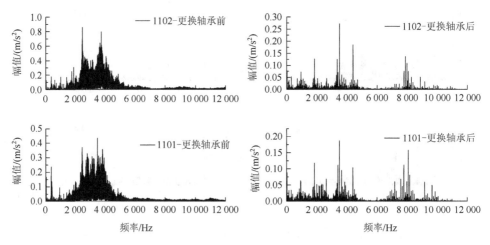

图 9.7　地铁站 B 扶梯下行主电机前后轴承更换前后傅里叶频谱

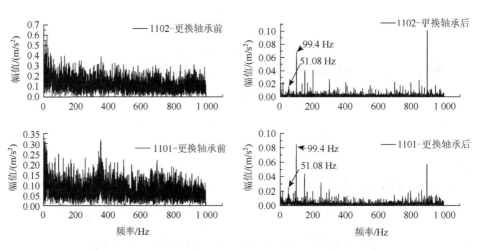

图 9.8　地铁站 B 扶梯下行主电机前后轴承更换前后包络谱

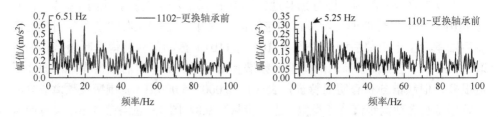

图 9.9　地铁站 B 扶梯下行主电机前后轴承更换前包络谱（放大细节）

9.2 直升机尾传动轴振动测试

9.2.1 问题描述与测试规划

传动系统（包括齿轮箱、尾传动轴等）是直升机动力系统的重要组成部件，其状态监测与振动信号分析对确保直升机的飞行安全和效能有重要意义。传统的振动信号分析方法包括基于时标、周期、无转角传感的时域同步平均方法；基于傅里叶变换的功率谱、倒谱和包络解调分析的频域信号分析方法；基于小波变换、维格纳（Wigner）、经验模式分解法等时频域分析方法。直升机启动及变速过程中包含了丰富的传动系统状态信息，以上方法不能很好适应变速工况的状态特征提取。直升机尾传动轴振动信号具有变速工况特征，可采用线性调频小波匹配追踪算法实现信号稀疏分解与振动辨识，并通过原子滤波方法建立时变特征的稀疏分解，完成尾传动轴某一时变特征的提取。

直升机尾传动轴用于主减速器和尾减速器之间的动力传递，并形成由法兰连接的多段柔性细长轴构成的多支承柔轴系统。针对某型直升机尾传动轴振动测试分析，建立振动测试系统，如图 9.10 所示。该直升机尾传动轴上有 5 个支承轴承。选择轴承 3 与轴承 4 为加速度传感器的安装位置。所采用的加速传感器为

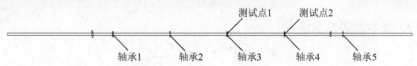

图 9.10 某直升机尾传动轴振动测试现场与测点布局

IEPE 型 CTC 加速度传感器。为保证安装可靠与直升机安全，采用螺栓连接的安装方式。通过 IOTech Zonicbook 618 动态分析仪及 eZ-Analyst 信号分析软件完成振动信号的采集。

直升机按照正常地面试车过程从静止到稳态工作转速。旋翼、尾传动轴和尾桨叶的工作转速分别为 350 r/min、4 009 r/min 和 3 665 r/min，直升机从开车起动到停机转速变化情况：①转速从 0～40%（最高转速的 40%）由电机带动，时间为 0～30 s；②转速从 40%～90%由电机和发动机共同带动，时间大概 30 s；③转速从 90%～100%由发动机单独带动，时间在 10 s 内；④从最高转速到停车（指发动机输出功率为 0）大概 30 s。通过所搭建的振动测试系统完成直升机尾传动轴的全程振动信号采集。

9.2.2 振动信号分析

1. 快速线性调频小波匹配追踪算法

匹配追踪算法能够实现一种基于原子字典投影方法的信号稀疏分解方法。原子字典的选择和匹配追踪算法是基于匹配追踪算法实现信号稀疏分解的关键。用于匹配追踪算法的原子主要包括正弦函数、余弦函数、离散余弦函数等傅里叶基函数和小波、小波包和克罗内克脉冲函数等时频函数。而线性调频小波是一种高斯线性调频函数，带有尺度 s、平移时间 u、频率 ξ、调频斜率 c 四个参数，具有极大的信号表达自由度，其原子表达如下式所示

$$g_{(s,u,\xi,c)}(t)=\frac{1}{\sqrt{s}}\left(\frac{t-u}{s}\right)\exp\left\{i[\xi(t-u)]+\frac{c}{2}(t-u)^2\right\} \tag{9.1}$$

标准的匹配追踪算法是一种贪婪的信号投影分解算法，它通过遍历具有冗余特征的原子字典 $\boldsymbol{D}=\left\{g_\gamma\right\}$，$(s,u,\xi,c)$ 记为 γ，迭代计算 m 阶分解残余信号 $R^{m-1}x$，直到达到迭代条件要求，算法具体如下。

（1）计算 $\left|\left\langle R^{m-1}x,g_\gamma\right\rangle\right|^2$，$g_\gamma\in\boldsymbol{D}$。

（2）选择最佳原子

$$g_{\gamma m}=\arg\max_{g\in\boldsymbol{D}}\left|\left\langle R^{m-1}x,g_\gamma\right\rangle\right|^2 \tag{9.2}$$

（3）更新投影残余信号

$$R^m x=R^{m-1}x-\left\langle R^{m-1}x,g_\gamma\right\rangle \tag{9.3}$$

通过迭代计算最终得到规模很小的 chirp 原子字典，然后采用正则匹配追踪算法实现信号的快速稀疏分解。该正则匹配追踪算法的计算复杂度为 O（MN）。

2. 匹配追踪与原子滤波分析

对直升机从启动到工作转速阶段的尾传动轴振动信号进行分段采集。图 9.11 是采集得到的 6 段共 19.2 s 尾传动轴时域振动信号。显然，$s_1 \sim s_5$ 对应直升机启动 到稳态运行之前阶段的振动信号，有明显的调制现象；s_6 对应直升机处于稳态运 行的振动信号，表现出稳态振动特性。

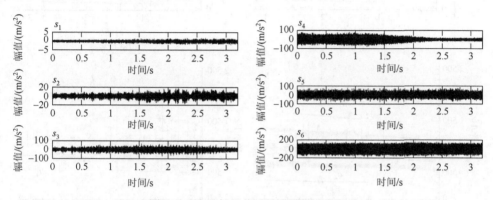

图 9.11　直升机尾传动轴时域振动信号

为了更清楚地从时频全貌上理解直升机尾传动轴振动情况，分别对这 6 段共 19.2 s 的数据进行快速线性调频小波匹配追踪稀疏分解，各分解为 300 个原子的 投影。分解的时频结果如图 9.12（a）～（f）所示，图中幅值采用分贝（dB）单 位，用彩色表示（赤橙黄绿青蓝紫，0 dB 对应最大幅值用紫色表示，–75 dB 对应 最小幅值用红色表示）。由于各时频结果显示的是各高斯 chirp 原子的时频图的叠 加，明确各高斯 chirp 原子的属性特性，有助于理解各段振动信号匹配追踪稀疏分 解的时频图的物理意义。高斯 chirp 原子的主要属性包括尺度 s、幅值 v、调频斜 率 c、中心频率 ξ_0 和中心时间 t。当原子尺度 s 较小（$1 \leqslant s \leqslant 2$），原子对应的是冲 击振动特征，如图 9.12（a）～（f）中的原子 a_1 所示；当原子尺度 s 很大，几乎是 整个信号的宽度，同时调频斜率满足：$0 \leqslant c \leqslant \varepsilon$，$\varepsilon$ 为一极小量，这时原子对应的是 稳态简谐振动，如图 9.12 的原子 a_2 所示；当原子尺度 s 较小，时频图上表现为一 "斑点"，这时原子对应为噪声，如图 9.12（a）、（b）、（e）、（f）的原子 a_3 所示； 当原子调频斜率 c 不为 0 或极小，时频图上原子为一斜线，表明振动信号有线性 调频现象，如图 9.12（c）、（d）、（e）原子 a_4 所示，或者有多段斜线构成一趋势 变化，表明存在复杂的调频现象，如图 9.12（e）原子 a_4 表示存在具有线性调频趋 势的复杂调频现象；对于旋转机械变速工况，如果原子尺度 s 较大，同时调频斜率 c 满足：$0 \leqslant c \leqslant \varepsilon$，$\varepsilon$ 为一极小量，这时该原子表示机械系统的共振特征，其中心频率 ξ_0 对应的系统的固有频率，如图 9.12（a）、（c）、（d）、（e）的原子 a_5 所示，同时

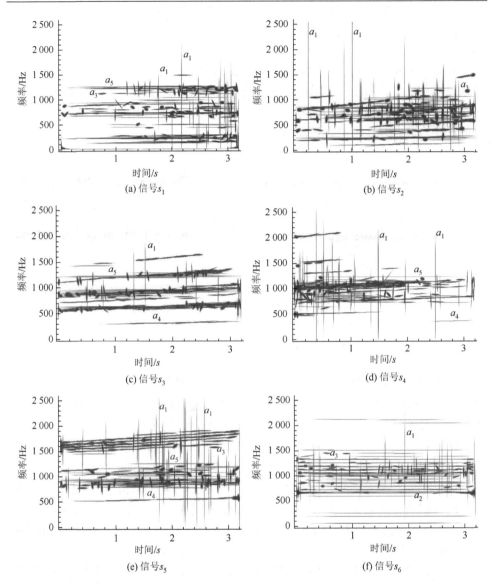

(a) 信号 s_1

(b) 信号 s_2

(c) 信号 s_3

(d) 信号 s_4

(e) 信号 s_5

(f) 信号 s_6

图 9.12　线性调频小波匹配追踪时频图（后附彩图）

该原子的中心频率一致，表明在直升机的不同启动阶段激励起结构的共振。由于直升机自由涡轴发动机准确启动过程、主减速器传动参数等未知，不能由这些时频图详细分析各原子或原子族对应的机械系统物理特征。根据已知信息，尾传动轴转频为 66.8 Hz，尾桨叶激励频率为 671.9 Hz（因尾桨叶数目为 11 片）。根据图 9.12（f）尾传动轴稳态振动的分析结果，图中原子 a_2 的中心频率对应尾桨叶激励频率。同时时频图中明显存在多条 66.8 Hz 的水平原子，反映存在尾传动轴转频调制现象。因此，由稳态分析结果可以追踪尾传动轴尾桨叶激励频率的原子轨迹，从而可以深入分析直升机启动过程。

为追踪尾传动轴尾桨叶激励振动特征，采用基于快速线性调频小波匹配追踪的原子滤波算法，分解对应的尾传动轴上的尾桨叶激励振动特征原子。根据尾传动轴全程振动信号的线性调频小波匹配追踪的稀疏分解结果的分析及尾传动轴已知参数，按照原子滤波算法的要求，确定滤波器带宽及原子最小幅值阈值，对振动信号 s_5、s_6 进行原子滤波筛选，分解后的信号时频投影结果见图 9.13（a）和（b）。很显然，算法能够筛选出对应的原子，并滤去了重叠的冲击特征 ［图 9.12（e）］和毛刺原子 ［图 9.12（f）］。

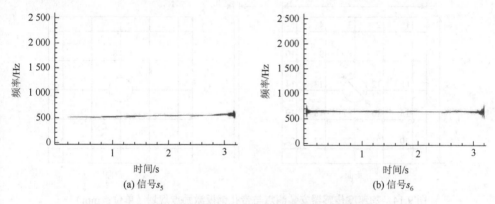

(a) 信号s_5 (b) 信号s_6

图 9.13 线性调频小波匹配追踪原子滤波时频图

9.3 锤激励的实验模态分析与工作模态分析

9.3.1 测试规划

测试对象是一带孔钢板，尺寸为 300 mm（长）×300 mm（宽）×10 mm（厚），中间圆孔直径ϕ为 50 mm，如图 9.14 所示。采用力锤锤击法进行实验模态分析与工作模态分析。带孔钢板采用自由悬挂支承。加速度传感器选用 7 个北智 14206（磁座吸附，7 g+22 g = 29 g），力锤选用美国 PCB 086C03。动态信号采集系统选用美国 PXI 仪器系统，包括 PXI 1042 机箱、PXIe 8105 控制器和 PXI 4472 8 通道振动信号采集卡。冲击模态测试软件采用 LabVIEW 编写的实验模态测试系统。采集获得的 FRF 数据导出为复数形式的数据集。把这些 FRF 数据导入 MEscope 模态分析软件进行实验模态分析与工作模态分析。

测试规划如下。

（1）采用固定点力锤激励，激励点选择带孔钢板背面的激励点 8，如图 9.14 所示。

（2）测点 1 和测点 2 为固定参考响应测点。

（3）由于带孔钢板正面共 24 个测点，因此，采用批量移动加速度器的方式，完成力锤激励响应测试。其中，每次激励测试，测点 1 和测点 5 加速度传感器固定不动，仅移动 5 个加速度传感器，即移动测试配置为 1-2-3-4-5-6-7、1-5-8-9-10-11-12、1-5-13-14-15-16-17、1-5-18-19-20-21-22、1-5-23-24，得到 5 个测试集。

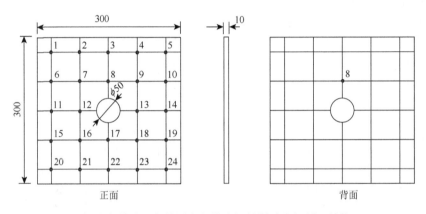

图 9.14 加速度传感器安装测点与带孔钢板激励点规划（单位：mm）

测试开始前须正确进行参数设置：采样通道参数设置；激励与响应振动信号采集的窗函数分别选择力窗（或矩形窗）及指数窗；设置力通道为自动触发通道及触发参数；恰当选择采样频率与频率分辨率（采用频率设为 4 000 Hz，频率分辨率为 1 Hz）；平均次数（设为 10 次）。所用的测试软件界面如图 9.15 所示。

9.3.2 实验模态分析与工作模态分析

按测试规划，经过锤击实验模态测试得到 5 个测试集，每个测试集数据类型包括幅频响应、相频响应、相干和振动加速度时域数据。按以下步骤进行单输入多输出实验模态分析。

（1）启动 MEscope 模态分析软件，新建项目文件，在 Data Blocks 目录下导入所有 FRF 文件（复数 FRF）。

（2）通过菜单"M#s"中的"Copy to File…"完成 FRF 数据块的生成，并修改每个 FRF 测量的 DOFs 属性值。DOFs 的格式示例为–1X：8X，其中，–1X 表示响应测点 1 自由度为−X 方向，8X 表示参考激励为测点 8，自由度为 X 方向。

（3）打开整理好的 Data Blocks 目录下的数据块文件，点击 Curve Fit 菜单下的 Open Curve Fitting，启动 FRF 曲线拟合窗口，如图 9.16 所示。

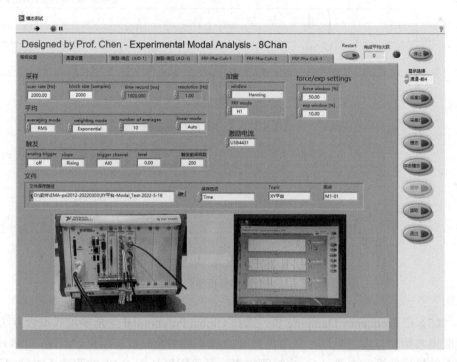

图 9.15　模态测试软件界面

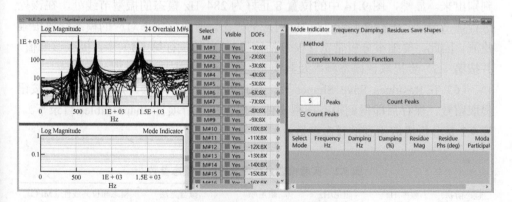

图 9.16　曲线拟合界面（模态参数辨识）

（4）选择 CMIF 方法检测模态峰值、分析带宽（竖直光标带选择）、虚部（加速度响应），进行模态峰值检测。通过平滑指示器（smooth indicator），剔除一些异常峰值点，得到 6 个峰值点。图 9.17 为集总频率响应函数曲线，图 9.18 为驱动点幅频响应。从这两个曲线峰值也可以判定相应的模态峰值点。

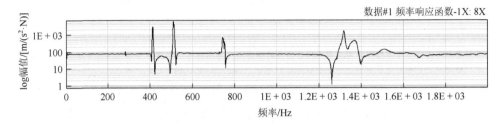

图 9.17　锤击法实验模态分析得到集总频率响应

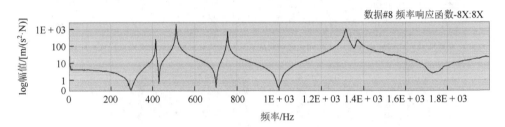

图 9.18　锤击法实验模态分析得到驱动点幅频响应

（5）在 Frequency Damping 页，选择 Global Polynomial 全角多项式拟合方法，提取模态频率与模态阻尼，从而得到 6 个模态频率及其模态阻尼。但是，284 Hz 左右的峰值并没有在第（4）步检测出来，其原因可从图 9.18 的驱动点幅频响应判别出来。显然，图 9.14 中的位置 8 正好为 284 Hz 模态的振型节线处，在该处进行锤击激励，没有激励起 284 Hz 对应的模态，造成该频率对应的模态峰值很难检测。因此，要缩小分析带宽（仅包括该峰），重新执行第（4）步，提取该峰值，并按第（5）步提取该模态频率及其模态阻尼。

（6）在 Residues Save Shapes 页，选择 Polynomial 方法，点击 Residues 按钮提取留数，保存后即得到模态振型文件（保存在分析项目 Shape Tables 目录下）。表 9.2 是分析提取得到的模态参数。

表 9.2　实验模态分析提取得到的模态参数

模态阶次	频率/Hz	阻尼/Hz	阻尼/%	拟合方法	模态相位共线性（MPC）
1	284	0.461	0.163	Global-Poly	0.243
2	411	0.602	0.146	Global-Poly	0.756
3	499	0.799	0.156	Global-Poly	0.769
4	731	1.28	0.175	Global-Poly	0.829

续表

模态阶次	频率/Hz	阻尼/Hz	阻尼/%	拟合方法	模态相位共线性（MPC）
5	742	0.766	0.105	Global-Poly	0.831
6	1 320	4.9	0.372	Global-Poly	0.925
7	1 380	6	0.436	Global-Poly	0.931

注：①MPC 全称为 Modal Phase Collinearity。
　　②Global-Poly 为 Global Polynomial 简写。

　　锤击瞬态信号具有宽平的频率特性，满足工作模态分析对随机宽频激励源的要求。忽略激励力信号，仅根据加速度响应数据完成 ODS 工作模态分析。根据测试规划，每个测试集都有两个固定位置（测点 1 和测点 5）的响应数据。把各数据集的加速度响应时域数据导入 MEscope，并在项目目录 Data Blocks 中将导入的各响应数据合成到一个响应数据集，修改各 M#响应的 DOFs 参数。参考点响应 M#（测点 1 和测点 5）的 "Input Output" 属性为 "Both"，其他移动点响应 M#的 "Input Output" 属性为 "Output"。启动菜单 "Transform" 中的 "ODS FRFs…" 按钮，如图 9.19 所示。图 9.20（a）是按下按钮 "ODS FRFs…" 的弹出窗口，确定移动点响应与参考点响应所在的数据文件，然后，按下 "Calculate" 按钮，完成 ODS FRFs 计算。其中，对于窗口中的 "Roving Responses" 和 "Reference Response" 数据集，均选择 "BLK：OriginData-OMA" 响应数据集（包含移动点响应与参考点响应），其中参考点响应已设置为 "Both"，既是移动点响应也是参考点响应。然后会弹出图 9.20（b）所示的谱平均窗口，如果数据相同自由度的响应只有一个或已经是平均后的响应数据，平均次数选择 1。ODS FRFs 的计算原理可参考第 8 章。图 9.21 所示是最后生成 ODS FRFs 计算得到的 ODS FRF 数据集。

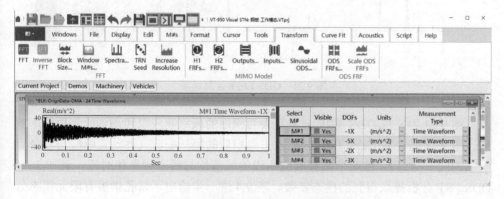

图 9.19　响应数据的 ODS FRFs 菜单项

　　按下 "Curve Fit" 菜单下的 "Open Curve Fitting" 曲线拟合按钮即可启动模

态参数提取窗口。首先会弹出图 9.22 的窗口，提示是否进行去卷积操作，如果选择"否（N）"，将退出曲线拟合，只有选择"是（Y）"才能进入曲线拟合窗口。这时，可按实验模态分析中的曲线拟合方法进行操作，提取模态参数，完成工作模态分析。

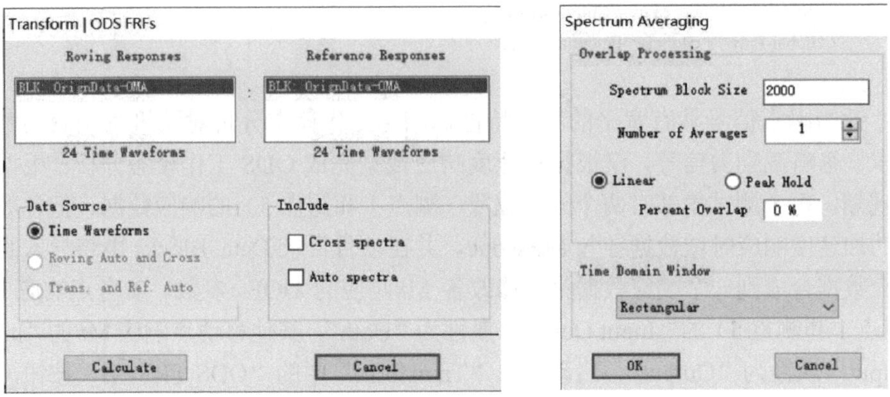

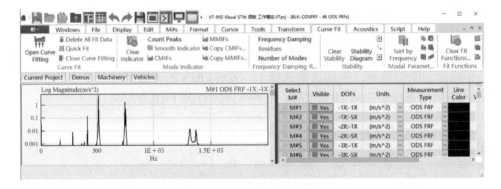

(a) 移动点响应与参考点响应数据集选择窗口　　　　　　　(b) 谱平均窗口

图 9.20　ODS FRFs 弹出窗口

图 9.21　ODS FRFs 计算结果

图 9.23 为完成 ODS FRF 分析及去卷积后的频率响应求和得到的集总频率响应。图 9.24 是完成 ODS FRF 分析及去卷积后的幅频响应（移动点响应与参考点响应为同一测点）。这两个幅频响应曲线的峰值均与模态频率相对应。表 9.3 是 ODS FRF 分析提取得到的模态参数。表 9.4 进一步给出了带孔钢板有限元模态分析、实验模态分析与 ODS FRF 分析所提取的模态频率的对比。图 9.25 是带孔钢板的锤击法实验模态分析、ODS FRF 分析获得的前 4 阶振型及有限元模态分析得到的模态振型的对比。

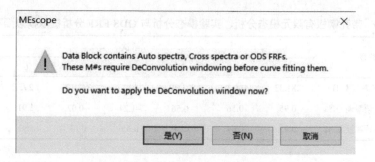

图 9.22　去卷积处理提示窗口

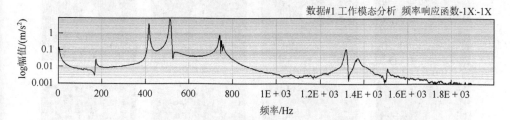

图 9.23　ODS FRF 分析及去卷积移动/参考响应频率响应的集总频率响应

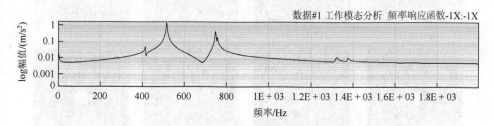

图 9.24　ODS FRF 分析及去卷积后的幅频响应（移动点与参考点为同一测点）

表 9.3　ODS FRF 分析提取得到的模态参数

模态阶次	频率/Hz	阻尼/Hz	阻尼/%	拟合方法	模态相位共线性（MPC）
1	284	0.517	0.182	Global-Poly	0.737
2	413	0.763	0.185	Global-Poly	0.849
3	511	0.817	0.16	Global-Poly	0.717
4	745	0.881	0.118	Global-Poly	0.632
5	750	0.792	0.106	Global-Poly	0.119
6	1 320	3.17	0.24	Global-Poly	0.778
7	1 370	1.8	0.131	Global-Poly	0.493

注：①MPC 全称为 Modal Phase Collinearity。

②Global-Poly 为 Global Polynomial 简写。

表 9.4　带孔钢板有限元模态分析、实验模态分析与 ODS FRF 分析提取模态频率对比

类型	阶次						
	1	2	3	4	5	6	7
有限元模态频率/Hz	281.33	410.36	501.79	740.17	740.17	1 295.2	1 295.2
实验模态频率误差/%	0.95	0.16	−0.56	−1.24	−0.02	1.91	1.91
工作模态频率误差/%	0.95	0.64	1.84	0.65	0.13	1.91	1.91

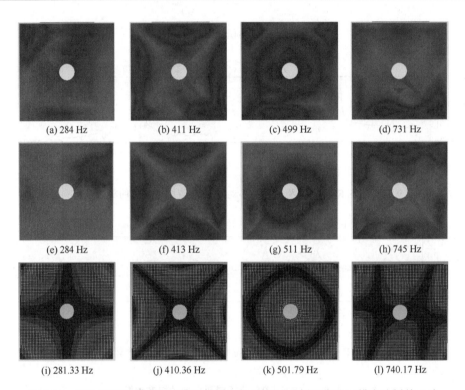

(a) 284 Hz　　　(b) 411 Hz　　　(c) 499 Hz　　　(d) 731 Hz

(e) 284 Hz　　　(f) 413 Hz　　　(g) 511 Hz　　　(h) 745 Hz

(i) 281.33 Hz　　　(j) 410.36 Hz　　　(k) 501.79 Hz　　　(l) 740.17 Hz

图 9.25　带孔钢板锤击法实验模态分析、ODS FRF 分析及有限元模态分析前 4 阶
振型对比

（a）～（d）分别为实验模态分析 1～4 阶的模态振型，（e）～（h）分别为 ODS FRF 分析 1～4 阶的模态振型，
（i）～（l）分别为有限元模态分析 1～4 阶的模态振型

　　显然，实验模态分析与 ODS FRF 分析辨识得到的各阶模态频率均有较高的精度，频率误差最大为 1.91%，但辨识得到的低阶模态频率有较高的精度。同时，由图 9.25 的模态振型对比，实验模态分析与 ODS FRF 分析所得到模态振型与有限元模态分析所得到模态振型基本一致。第 4、5 阶与第 6、7 阶为密集模态，是因为结构的对称性造成的。两种实验辨识方法对密集模态的辨识都有一定的误差，原因可能是加速度传感器附加质量的影响。

9.4 激振器激励的实验模态分析

9.4.1 测试规划

垂直升降式电梯，简称直梯，在民用、商用住宅及各种公共城市建筑中得到了广泛的应用。同时，直梯的振动、噪声问题日益受到厂家及用户的重视。曳引机是垂直升降式电梯的驱动部件，为直梯提供升降动力，其本身就是一个特殊的永磁异步交流电机。图 9.26 所示为曳引机结构简图，其由机座、后端盖、后轴承、线圈绕组、转子组件、前轴承和轴组成。曳引机使用过程中所产生的振动与噪声与各部件的动态特性密切相关。这里采用电磁激振器激励的实验模态分析方法去评估曳引机机座的模态特性。

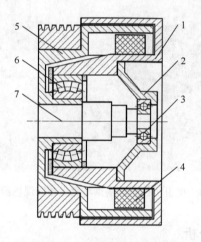

图 9.26 曳引机结构简图

1-机座；2-后端盖；3-后轴承；4-线圈绕组；5-转子组件；6-前轴承；7-轴

为保证实验模态测试数据质量，选择的激励点与响应测点如图 9.27 所示。所采用的实验模态测试系统构成为：电磁激振器［美国 Modal 50A（最大激励力 220 N）］、PXI 动态信号采集系统（与 9.3 节使用仪器相同）、信号发生器（GW instek AFG-2225）、功率放大器（Modal 500 VI）、加速度传感器（北智 14206）及阻抗头（Kistler 8770A50）。图 9.28 是现场测试照片，采用激励点 14。由于 PXI 动态信号采集系统仅有 8 个输入通道，实验模态测试需要分步完成。每次测量保持激励点 14 不变，需要占用仪器两个输入通道。因此，每个激励点需要三次测量才能完成 15 个测点的频率响应测量。

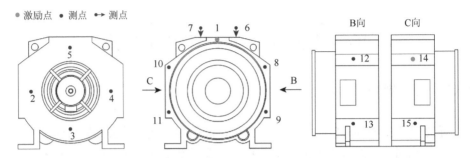

图 9.27　曳引机机座激励点与测点布局

图 9.28　曳引机机座激励点与测点布局现场测试照片

9.4.2　测试结果与分析

设置平均次数为 50 次，采用正弦线性扫频激励，窗函数选择"Hanning"。得到所有测点的频率响应函数。图 9.29 是驱动点频率响应（激励点 14），图 9.30 是测点 15 的频率响应（激励点 14）。根据驱动点频率响应与相干（图 9.29），虽然低频（0～200 Hz）和中高频（1 200～2 000 Hz）相干较差，但在 200～1 200 Hz 相干相对较好。同时，200～1 200 Hz 的模态峰已被激励起来，表明该激励点的选择是合适的。测点响应相干（测点 15，激励点 14）较好，200～1 200 Hz 呈现清晰的幅频响应与相频响应。

把测得的频率响应以复数形式的.uff 频率响应文件导入 MEscope，并整理成单个单激励的数据文件。启动 MEscope FRF 曲线拟合模态参数辨识模块，辨识得到模态参数见表 9.5 所示。

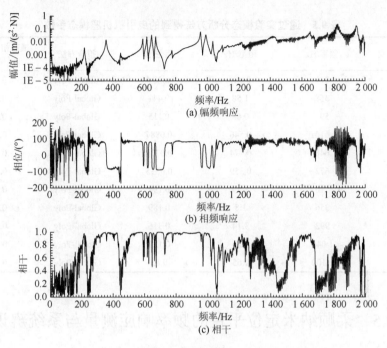

图 9.29　驱动点频率响应（激励点 14，测点 14）

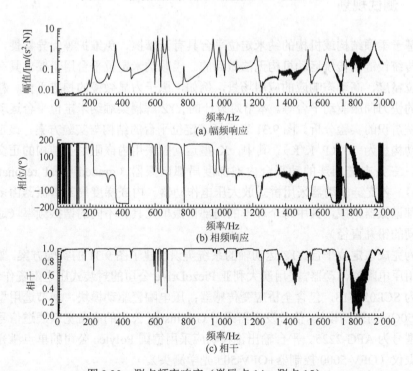

图 9.30　测点频率响应（激励点 14，测点 15）

表 9.5　通过实验模态分析方法得到的曳引机机座模态参数

模态阶次	频率/Hz	阻尼/Hz	阻尼/%	拟合方法	模态相位共线性（MPC）
1	221	0.861	0.389	Global-Poly	0.981
2	358	1.58	0.441	Global-Poly	0.993
3	591	0.68	0.115	Global-Poly	0.947
4	616	0.546	0.0887	Global-Poly	0.896
5	646	0.474	0.0734	Global-Poly	0.954
6	672	0.359	0.0535	Global-Poly	0.917
7	776	1.49	0.192	Global-Poly	0.991
8	956	1.8	0.189	Global-Poly	0.911
9	992	3.14	0.316	Global-Poly	0.979
10	1 040	1.26	0.122	Global-Poly	0.915
11	1 100	1.65	0.15	Global-Poly	0.894

9.5　柔顺纳米定位平台的频率响应测量与系统辨识

9.5.1　测试规划

基于柔顺结构或机构的纳米定位平台具有无摩擦、免维护等优异特性，这是基于传统铰链的传统运动机构无法做到的。柔顺纳米定位平台用于要求具有纳米级定位精度、高动态响应的应用场景，例如，原子力显微镜的扫描平台、精密加工中的快刀伺服驱动平台等。本节对设计的 XYZ 解耦柔顺纳米定位平台运动轴进行系统辨识的实验分析。图 9.31 表示了该定位平台的结构与实验方案。该定位平台运动构型为 $3^{\perp}$（$P^{\perp}K^{//}K$）。其中，K 型运动副采用内嵌阻尼子结构的正交柔性铰链，三条支链相连的动平台内嵌梯度局部谐振器（graded local resonators，GLRs），各支链驱动器采用桥式放大压电作动器。内嵌梯度局部谐振器由多层单层局部谐振器构成，其中每个球形的局部谐振单元具有不同的谐振频率（通过选用不同的铅丸直径）。

为完成该定位平台 XYZ 运动轴的系统辨识组建了图 9.31 的实验方案。驱动方案采用压电陶瓷作动器，采用澳大利亚 PiezoDrive 公司的封装式压电陶瓷作动器，型号为 SCL050518，包含全桥应变传感器；压电陶瓷驱动模块，本节选用型号为 PDu150CL 的驱动模块。信号发生器采用 GW instek 公司的高带宽双通道信号发生器，型号为 AFG-2225。平台输出位移响应采用德国 Polytec 公司的单点激光多普勒测振仪（OFV-5000 控制器+OFV-505 光学测头）。

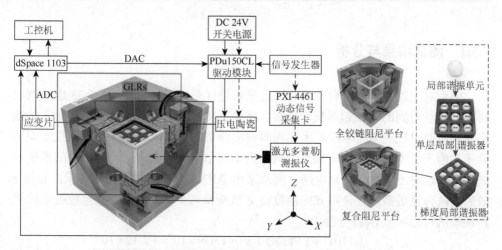

图 9.31　*XYZ* 解耦柔顺纳米定位平台结构与实验方案

信号发生器产生频率为 1～800 Hz，幅值为 0～200 mV 的线性扫频信号，通过 PDu150CL 驱动模块（电压放大比为 15）驱动压电陶瓷作动器驱动平台轴运动。采用 9.2 节的 PXI 动态信号采集系统（使用 PXI-4461 动态信号采集卡）同步采集信号发生器的输出信号和激光多普勒测振仪的输出位移信号，由采集系统计算各轴频率响应函数。

图 9.32 为完成该定位平台 *XYZ* 运动轴系统辨识的实验仪器系统。

图 9.32　完成该定位平台 *XYZ* 运动轴系统辨识的实验仪器系统

9.5.2　测试结果与分析

分别对全铰链阻尼平台和复合阻尼平台进行系统辨识实验。图 9.33 虚线响应曲线为测量得到的各轴频率响应曲线。将动态测试实验中全铰链阻尼平台各轴频率响应函数对应的幅频响应频率和相频响应频率数据导入 MATLAB 系统辨识工具箱。由于压电驱动微纳定位平台的动力学模型一般是三阶的，即二阶的机械系统加上一阶的压电陶瓷驱动电路，因此采用 ARX320 三阶模型进行辨识。获得 z 域的离散传递函数后，使用 d2c 函数将 Z 域变换为 s 域，最终得到全铰链阻尼平台各轴的传递函数 $G(s)$ 分别为

$$G_X(s) = \frac{1.110s^3 + 1.983\times10^4 s^2 + 1.079\times10^8 s + 2.12\times10^{11}}{s^3 + 2895s^2 + 1.461\times10^7 s + 3.593\times10^{10}} \tag{9.4}$$

$$G_Y(s) = \frac{1.034s^3 + 1.836\times10^4 s^2 + 1.011\times10^8 s + 2.006\times10^{11}}{s^3 + 2848s^2 + 1.258\times10^7 s + 3.134\times10^{10}} \tag{9.5}$$

$$G_Z(s) = \frac{0.952s^3 + 1.88\times10^4 s^2 + 1.042\times10^8 s + 2.052\times10^{11}}{s^3 + 2840s^2 + 1.376\times10^7 s + 3.495\times10^{10}} \tag{9.6}$$

内嵌 GLRs 后平台各轴的传递函数会发生改变，因此需要采用相同方法对复合阻尼平台各轴的传递函数 $G'(s)$ 辨识，结果如下

$$G'_X(s) = \frac{0.9646s^3 + 1.591\times10^4 s^2 + 8.983\times10^7 s + 1.841\times10^{11}}{s^3 + 3881s^2 + 1.466\times10^7 s + 3.608\times10^{10}} \tag{9.7}$$

$$G'_Y(s) = \frac{0.9469s^3 + 1.562\times10^4 s^2 + 8.877\times10^7 s + 1.826\times10^{11}}{s^3 + 4032s^2 + 1.266\times10^7 s + 3.842\times10^{10}} \tag{9.8}$$

$$G'_Z(s) = \frac{0.8863s^3 + 1.558\times10^4 s^2 + 8.221\times10^7 s + 1.655\times10^{11}}{s^3 + 3648s^2 + 1.396\times10^7 s + 3.391\times10^{10}} \tag{9.9}$$

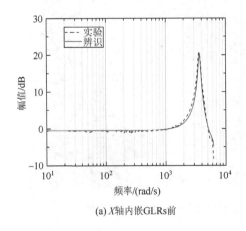

(a) X轴内嵌GLRs前

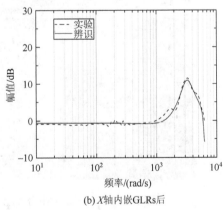

(b) X轴内嵌GLRs后

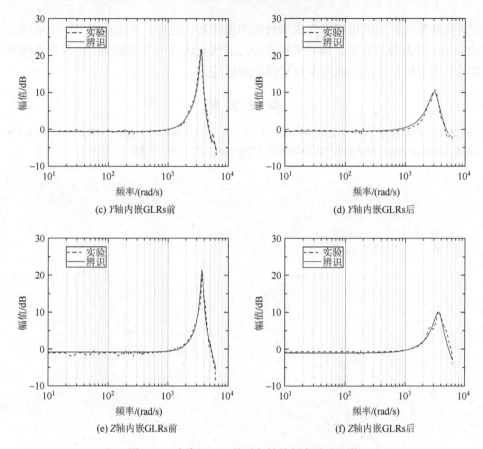

图 9.33 内嵌 GLRs 前后各轴的频率响应函数

　　根据式（9.4）～式（9.9）中辨识的传递函数，绘制全铰链阻尼平台和复合阻尼平台的频率响应函数，分别如图 9.33 中实线所示。幅值转换为以分贝（dB）作为单位，并将频率转换为圆频率。采用辨识出的传递函数所绘制的频率响应函数与实验测得的频率响应函数较为吻合，拟合效果良好，可以用于后续运动控制器设计。

9.6　本章小结

　　本章从振动测试与信号分析、锤击法实验模态分析与工作模态分析、激振器激励实验模态分析及运动轴系统辨识选择不同领域的实际案例进行相关振动测试理论与技术的应用阐述。所给出的振动测试实践案例采用了不同振动测试仪器系统，包括国内振动测试仪器系统、国外振动测试仪器系统及自主编程组建的振动测试仪器系统，均能很好地完成所设定的振动测试任务。实验模态分析中还涉及 MEscope 模态分析软件。读者可根据自己的情况选择恰当的振动测试仪器系统及实验模态分析软件，完成特定目标振动测试任务。

参 考 文 献

陈忠,张宪民,符和超,等,2015. 快速线调频小波原子滤波与尾传动轴振动辨识[J]. 振动工程学报,28(1):108-114.
石俊杰,2002. 复合阻尼 XYZ 解耦并联柔顺机构设计与实验研究[D]. 广州：华南理工大学.

彩　图

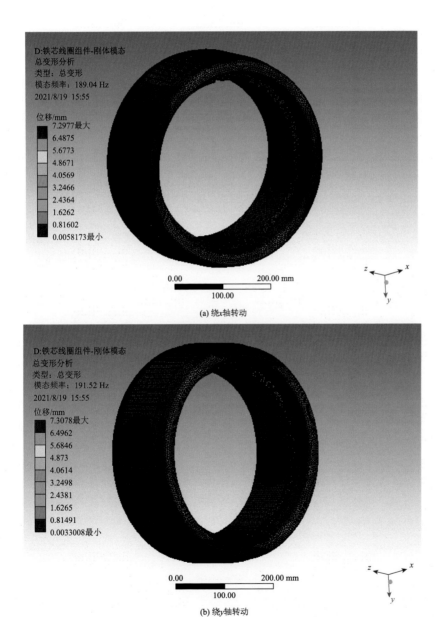

(a) 绕x轴转动

(b) 绕y轴转动

图 3.6　电梯曳引机转子铁芯线圈组件有限元模态分析结果（第 4、5 阶）

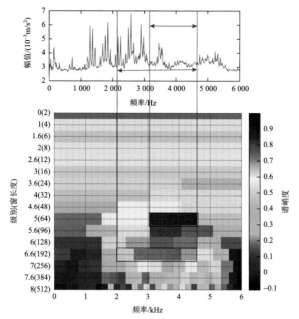

图 4.16　根据谱峭度确定包络解调分析频带

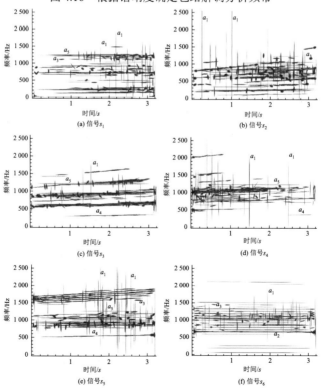

图 9.12　线性调频小波匹配追踪时频图